SOLIDWORKS CSWA/CSWP 认证考试指导 微课视频版

赵勇成　毕晓东　邵为龙　◎编著

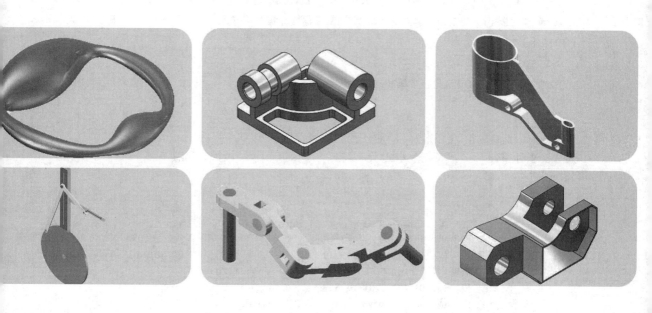

清华大学出版社
北京

内容简介

本书循序渐进地介绍了顺利完成 CSWA/CSWP 认证考试的相关内容，包括 CSWA/CSWP 全球认证考试简介、如何参加 CSWA/CSWP 认证考试、CSWA/CSWP 认证考试题型与范围、CSWA/CSWP 全球认证考试形式、CSWA/CSWP 全球认证考试证书的发放、SOLIDWORKS 概述、软件的工作界面与基本操作设置、二维草图设计、零件设计、装配设计、模型的测量与分析、工程图设计、CSWA/CSWP 认证考题详解等。

为了能够使读者更快地掌握该软件的基本功能并顺利通过 CSWA/CSWP 考试，在内容安排上，书中结合大量的案例对 SOLIDWORKS 软件中的一些抽象的概念、命令和功能进行讲解；在写作方式上，本书采用软件真实的操作界面，采用软件真实的对话框、操控板和按钮进行具体讲解，这样就可以让读者直观、准确地操作软件进行学习，从而尽快入手，提高学习效率。

本书内容全面、条理清晰、实例丰富、讲解详细、图文并茂，可作为高等院校学生和各类培训学校学员的 SOLIDWORKS 上课或者上机练习素材，也可作为广大工程技术人员学习 SOLIDWORKS 的自学教材和参考书。

版权所有，侵权必究。举报：010-62782989，beiqinquan@tup.tsinghua.edu.cn。

图书在版编目（CIP）数据

SOLIDWORKS CSWA/CSWP认证考试指导：微课视频版/ 赵勇成，毕晓东，邵为龙编著.
北京：清华大学出版社，2025.3. -- (CAD/CAE/CAM工程软件实践丛书).
ISBN 978-7-302-68656-9

Ⅰ. TP391.7

中国国家版本馆CIP数据核字第2025HL0283号

责任编辑：赵佳霓
封面设计：郭　媛
责任校对：时翠兰
责任印制：杨　艳

出版发行：清华大学出版社
网　　址：https://www.tup.com.cn，https://www.wqxuetang.com
地　　址：北京清华大学学研大厦A座　　邮　编：100084
社　总　机：010-83470000　　邮　购：010-62786544
投稿与读者服务：010-62776969，c-service@tup.tsinghua.edu.cn
质　量　反　馈：010-62772015，zhiliang@tup.tsinghua.edu.cn
课　件　下　载：https://www.tup.com.cn，010-83470236

印　装　者：北京同文印刷有限责任公司
经　　销：全国新华书店
开　　本：186mm×240mm　　印　张：14.75　　字　数：330千字
版　　次：2025年5月第1版　　印　次：2025年5月第1次印刷
印　　数：1～1500
定　　价：59.00元

产品编号：109470-01

前 言
PREFACE

SOLIDWORKS 是由法国达索公司推出的一款功能强大的三维机械设计软件系统，自 1995 年问世以来，凭借着优异的性能、易用性和创新性，极大地提高了机械设计工程图的设计效率，在与同类软件的激烈竞争中确立了稳固的市场地位，成为三维设计软件的标杆产品，其应用范围涉及航空航天、汽车、机械、造船、通用机械、医疗机械、家居家装和电子等诸多领域。

功能强大、易学易用和技术创新是 SOLIDWORKS 的三大特点。这些特点使 SOLIDWORKS 成为领先的、主流的三维 CAD 解决方案。SOLIDWORKS 2024 在设计创新、易学易用和提高整体性能等方面都得到了显著的加强，包括使用大量草图线段时，草图轮廓上的推理更加快速、使用装配体可视化选择大量零部件及双向扫描的功能。

目前全国已有数百家院校开展了 SOLIDWORKS 教学和认证考试，从 2007 年起至今已有十几万名学生和社会人员获得了 CSWA/CSWP 证书，证书在他们找工作及整个职业规划中起到了相当大的作用，根据各考点的真实反馈，具有 CSWA/CSWP 证书的学生在就业中占有明显的优势。

本书主要针对 CSWA/CSWP 认证的基本要求、知识点、操作技巧进行讲解，分析考试中的考试题型，并且配备考试样题供练习使用，通过本书的学习，读者可以有效地提升考试通过概率，同时可以有效地提高软件的使用水平。扫描目录上方二维码可下载本书配套资源。

本书以 SOLIDWORKS 2024 为蓝本，如果使用不同的版本学习，操作会略有不同。本书的编写分工为兰州职业技术学院赵勇成编写第 1~4 章，山东第一医科大学毕晓东编写第 5~7 章，济宁格宸教育咨询有限公司邵为龙编写第 8 章和第 9 章。参加辅助编写的人员还有吕广凤、邵玉霞、陆辉、石磊、邵翠丽、陈瑞河、吕凤霞、孙德荣、吕杰、祁树奎。本书经过多次审核，如有疏漏之处，恳请广大读者予以指正，以便及时更新和改进。

编者
2025 年 3 月

目 录
CONTENTS

教学课件(PPT)

配套资源

第1章 考前准备 1
   1.1 SOLIDWORKS 全球认证考试简介 1
   1.2 为什么要参加 SOLIDWORKS 全球认证考试 2
   1.3 如何参加 SOLIDWORKS 全球认证考试 2
   1.4 SOLIDWORKS 全球认证考试题型与范围 6
   1.5 SOLIDWORKS 全球认证考试形式 7
   1.6 SOLIDWORKS 全球认证考试证书的发放 8

第2章 SOLIDWORKS 基础概述（▶ 44min） 9
   2.1 工作目录 9
   2.2 软件的启动与退出 10
      2.2.1 软件的启动 10
      2.2.2 软件的退出 10
   2.3 SOLIDWORKS 工作界面 11
   2.4 SOLIDWORKS 基本鼠标操作 13
      2.4.1 使用鼠标控制模型 13
      2.4.2 对象的选取 13
   2.5 SOLIDWORKS 文件操作 14
      2.5.1 打开文件 14
      2.5.2 保存文件 14
      2.5.3 关闭文件 15

第3章 SOLIDWORKS 二维草图设计（▶ 152min） 16
   3.1 进入与退出二维草图设计环境 16
   3.2 SOLIDWORKS 二维草图的绘制 16
      3.2.1 直线的绘制 16
      3.2.2 中心线的绘制 17

3.2.3 中点线的绘制 17
3.2.4 矩形的绘制 17
3.2.5 多边形的绘制 19
3.2.6 圆的绘制 19
3.2.7 圆弧的绘制 20
3.2.8 直线圆弧的快速切换 21
3.2.9 椭圆与椭圆弧的绘制 21
3.2.10 槽口的绘制 22
3.2.11 样条曲线的绘制 23
3.2.12 文本的绘制 24
3.2.13 点的绘制 25
3.3 SOLIDWORKS 二维草图的编辑 25
3.3.1 图元的操纵 25
3.3.2 图元的移动 26
3.3.3 图元的修剪 27
3.3.4 图元的延伸 27
3.3.5 图元的分割 28
3.3.6 图元的镜像 28
3.3.7 图元的等距 29
3.3.8 倒角 30
3.3.9 圆角 30
3.3.10 图元的删除 31
3.4 SOLIDWORKS 二维草图的几何约束 31
3.4.1 几何约束概述 31
3.4.2 几何约束的种类 31
3.4.3 几何约束的显示与隐藏 31
3.4.4 几何约束的自动添加 31
3.4.5 几何约束的手动添加 32
3.4.6 几何约束的删除 32
3.5 SOLIDWORKS 二维草图的尺寸约束 33
3.5.1 尺寸约束概述 33
3.5.2 尺寸的类型 33
3.5.3 标注线段长度 33
3.5.4 标注点线距离 34
3.5.5 标注两点距离 34
3.5.6 标注两平行线间的距离 34

3.5.7 标注直径 35
3.5.8 标注半径 35
3.5.9 标注角度 35
3.5.10 标注两圆弧间的最大和最小距离 36
3.5.11 标注对称尺寸 36
3.5.12 标注弧长 36
3.5.13 修改尺寸 37
3.5.14 删除尺寸 37
3.5.15 修改尺寸精度 37
3.6 SOLIDWORKS 二维草图的全约束 38
3.6.1 基本概述 38
3.6.2 如何检查是否是全约束 38
3.7 SOLIDWORKS 认证考试实战练习 38
3.7.1 案例 1（常规法）.. 38
3.7.2 案例 2（逐步法）.. 41

第 4 章 SOLIDWORKS 零件设计（▶ 247min） 44

4.1 拉伸特征 44
4.1.1 基本概述 44
4.1.2 拉伸凸台特征的一般操作过程 44
4.1.3 拉伸切除特征的一般操作过程 45
4.1.4 拉伸特征的截面轮廓要求 45
4.1.5 拉伸深度的控制选项 46
4.2 旋转特征 47
4.2.1 基本概述 47
4.2.2 旋转凸台特征的一般操作过程 47
4.3 倒角特征 49
4.3.1 基本概述 49
4.3.2 倒角特征的一般操作过程 49
4.4 圆角特征 50
4.4.1 基本概述 50
4.4.2 恒定半径圆角 50
4.4.3 变半径圆角 50
4.4.4 面圆角 51
4.4.5 完全圆角 52
4.4.6 倒圆的顺序要求 53

4.5 SOLIDWORKS 的设计树 53
4.5.1 基本概述 53
4.5.2 设计树的作用与一般规则 54
4.5.3 编辑特征 55
4.5.4 父子关系 56
4.5.5 删除特征 57
4.5.6 隐藏特征 57

4.6 设置零件模型的属性 58
4.6.1 材料的设置 58
4.6.2 单位的设置 58

4.7 基准特征 60
4.7.1 基本概述 60
4.7.2 基准面 60
4.7.3 基准轴 63
4.7.4 基准点 66
4.7.5 基准坐标系 67

4.8 抽壳特征 68
4.8.1 基本概述 68
4.8.2 等壁厚抽壳 68
4.8.3 不等壁厚抽壳 69
4.8.4 抽壳方向的控制 69
4.8.5 抽壳的高级应用（抽壳的顺序） 70

4.9 孔特征 72
4.9.1 基本概述 72
4.9.2 异型孔向导 72

4.10 拔模特征 73
4.10.1 基本概述 73
4.10.2 中性面拔模 73
4.10.3 分型线拔模 75

4.11 加强筋特征 76
4.11.1 基本概述 76
4.11.2 加强筋特征的一般操作过程 76

4.12 扫描特征 77
4.12.1 基本概述 77
4.12.2 扫描特征的一般操作过程 77
4.12.3 圆形截面的扫描 78

- 4.12.4 带引导线的扫描 ... 79
- 4.13 放样特征 ... 80
  - 4.13.1 基本概述 ... 80
  - 4.13.2 放样特征的一般操作过程 ... 81
  - 4.13.3 截面不类似的放样 ... 82
  - 4.13.4 带有引导线的放样 ... 84
- 4.14 镜像特征 ... 86
  - 4.14.1 基本概述 ... 86
  - 4.14.2 镜像特征的一般操作过程 ... 86
  - 4.14.3 镜像体的一般操作过程 ... 86
- 4.15 阵列特征 ... 87
  - 4.15.1 基本概述 ... 87
  - 4.15.2 线性阵列 ... 87
  - 4.15.3 圆周阵列 ... 88
  - 4.15.4 曲线驱动阵列 ... 89
  - 4.15.5 草图驱动阵列 ... 89
  - 4.15.6 填充阵列 ... 90
- 4.16 系列零件设计专题 ... 91
  - 4.16.1 基本概述 ... 91
  - 4.16.2 系列零件设计的一般操作过程 ... 91
- 4.17 全局变量与方程式 ... 93
  - 4.17.1 全局变量 ... 93
  - 4.17.2 方程式 ... 96
- 4.18 移动面与删除面 ... 101
  - 4.18.1 移动面 ... 101
  - 4.18.2 删除面 ... 103
- 4.19 SOLIDWORKS 认证考试练习 ... 105

第5章 SOLIDWORKS 装配设计（▶ 22min） ... 110

- 5.1 装配设计概述 ... 110
- 5.2 装配设计的一般过程 ... 111
  - 5.2.1 新建装配文件 ... 111
  - 5.2.2 装配第 1 个零件 ... 111
  - 5.2.3 装配第 2 个零件 ... 112
  - 5.2.4 装配第 3 个零件 ... 113
  - 5.2.5 装配第 4 个零件 ... 114

  5.2.6 装配第 5 个零件 115
 5.3 装配配合 116
 5.4 零部件的复制 120
  5.4.1 镜像复制 120
  5.4.2 阵列复制 122

第 6 章 SOLIDWORKS 模型的测量与分析（▶ 19min） 125

 6.1 模型的测量 125
  6.1.1 基本概述 125
  6.1.2 测量距离 125
  6.1.3 测量角度 127
  6.1.4 测量曲线长度 128
  6.1.5 测量面积与周长 128
 6.2 模型的分析 129
  6.2.1 质量属性分析 129
  6.2.2 装配体干涉检查 130

第 7 章 SOLIDWORKS 工程图设计（▶ 96min） 131

 7.1 新建工程图 131
 7.2 工程图视图 131
  7.2.1 基本工程图视图 131
  7.2.2 视图常用编辑 134
  7.2.3 视图的显示模式 136
  7.2.4 全剖视图 137
  7.2.5 半剖视图 138
  7.2.6 阶梯剖视图 139
  7.2.7 旋转剖视图 140
  7.2.8 局部剖视图 141
  7.2.9 局部放大图 143
  7.2.10 辅助视图 143
  7.2.11 断裂视图 144
  7.2.12 加强筋的剖切 145
  7.2.13 装配体的剖切视图 146
 7.3 工程图标注 147
  7.3.1 尺寸标注 147
  7.3.2 公差标注 152

  7.3.3 基准标注 153
  7.3.4 形位公差标注 154
  7.3.5 粗糙度符号标注 155
  7.3.6 注释文本标注 156

第 8 章　CSWA 考试样题（▷ 97min）.. 158
 8.1　CSWA 考试样题 1.. 158
 8.2　CSWA 考试样题 2.. 174

第 9 章　CSWP 考试样题（▷ 94min）.. 193

第 1 章 考 前 准 备

1.1 SOLIDWORKS 全球认证考试简介

SOLIDWORKS 全球认证考试是达索 SOLIDWORKS 公司推出的全球性认证考试项目，是作为衡量参考人员所具备的 SOLIDWORKS 应用专长与能力的一种测试和认可，主要考察对设计、仿真一体化、机电一体化、质量检测、数字化渲染、工程文档出版等 SOLIDWORKS 软件的使用水平及解决问题的能力。SOLIDWORKS 作为实际意义上的三维设计的标准，该证书被全球大部分工业企业视为 CAD 应用工程师的能力凭证，在美国、加拿大、日本、欧盟等大部分国家和地区得到了广泛认可，并自 2006 年开始通过在中国设置的各个 CTSP 中心进行相关认证考试工作。

SOLIDWORKS 目前在中国开放了 3 个级别的认证考试，即 CSWA、CSWP 和 CSWE，每个级别的考试涵盖不同的主题，参加认证考试的成本也各不相同，高级认证的成本高于其他基础证书。常见常考的认证大多为机械设计方面。

1. CSWA

SOLIDWORKS 认证助理工程师，是针对在校学生专门开设的认证，证明其具有基本建模、装配、识别工程图的能力。

2. CSWP

SOLIDWORKS 认证专业工程师是面向所有工程技术人员（包括在校学生）开设的认证，证明其具备应用高级功能并进行复杂建模、模型编辑、高级装配能力，并能解决常见的问题。

3. CSWP 专业模块认证

CSWP 专业模块认证包括 CSWP 钣金、CSWP 焊件、CSWP 曲面、CSWP 工程图、CSWP 模具，每个专业模块认证均相互独立，可以根据自身专业需求和职业发展选择其中的一个或者多个模块进行认证。CSWP 专业模块认证必须在完成 CSWP 认证的基础上才可以参加。

4. CSWE

CSWE 认证专家是面向所有工程技术人员（包括在校学生）开设的认证，其必须在完成 CSWP 认证的基础上才可以参加，证明工程师具备利用 SOLIDWORKS 高级功能和特征轻松解决复杂建模难题的能力，其知识范围几乎包括 SOLIDWORKS 软件所有领域的知识。

1.2　为什么要参加 SOLIDWORKS 全球认证考试

现代机械制造业中 SOLIDWORKS 软件的使用率在所有的三维软件中处于绝对领先的位置，在国家推进现代化制造的大环境下，中国将会进一步成为世界制造业的中心，在这种情况下国外大公司将会陆续在中国开设更多公司，设计和加工更多的产品，因此获得 SOLIDWORKS 认证将可能在未来的职业中获得更多的机会。

SOLIDWORKS 全球认证能够证明您具备 SOLIDWORKS 平台上的尖端技能。除了可以证明您对该软件的熟练程度之外，该认证还使您与其他人群区别开来，成为一名技术精湛的设计工程师。

SOLIDWORKS 认证证书可以证明您使用 SOLIDWORKS 软件平台的技能水平。您可以通过已获取的认证级别来准确地描述简历，而不是只在简历中简单地说明您可以熟练使用 SOLIDWORKS。此外，获得认证意味着您的名字将被列入 SOLIDWORKS 认证名录以供企业和个人参考录用，证书可在 SOLIDWORKS 官方认证中心网站查询，其资格全球认可。

SOLIDWORKS 是一个非常普及的 CAD 平台，许多公司认为它是评估员工和申请人的 CAD 相关技能的标准。SOLIDWORKS 认证为这些公司提供了一些技术职位的明确要求，这意味着某些职位只能向具有相应 SOLIDWORKS 认证级别的申请人开放。无论您是正在寻找新工作还是希望在当前公司的职业阶梯能够再次上升，获得 SOLIDWORKS 认证都可以助力您领先竞争对手一大步。

SOLIDWORKS 公司与中国机械工程协会达成了以下技术资格互认协议：

（1）凡获得中国机械工程学会"见习机械设计工程师"/"机械设计工程师"资格证书的人员，如在机械设计机考部分使用 SOLIDWORKS 软件应考，SOLIDWORKS 公司将发放"SOLIDWORKS 中国认证助理机械设计师"/"SOLIDWORKS 中国认证三维机械设计师"证书。

（2）凡获得 SOLIDWORKS 公司"CSWA/SOLIDWORKS 中国认证三维机械设计师"证书的人员，在"见习机械设计工程师资格考试"/"机械设计工程师资格考试"时可以免去机考中的机械设计部分的内容。

（3）凡获得 SOLIDWORKS 公司 CSWP 证书的人员，在"见习机械设计工程师资格考试"和"机械设计工程师资格考试"时可以免去机考中的机械设计部分的内容。

人力资源市场永远是一个激烈的竞争舞台，具有权威证明的权威证书将使您在竞争中获得更多的优势，更容易脱颖而出。

1.3　如何参加 SOLIDWORKS 全球认证考试

参加 SOLIDWORKS 认证考试的基本流程如下。

步骤1：联系认证专员。联系具有权限的 SOLIDWORKS 合作伙伴、具有资质的学校认证或者 SOLIDWORKS 认证专员（例如邵为龙主编）。

步骤 2：确认认证信息。提交参与认证人员的姓名、身认证号码、联系方式、所属学校或者单位、参加考试的类型，确认考试认证的时间及地点等。

步骤 3：申请考试 ID。认证信息最终会汇总至 SOLIDWORKS 官方认证专员处，由认证专员向 SOLIDWORKS 原厂按照要求提出相应申请，申请通过后会向认证专员发放相应认证的考试 ID 并通知考试人员，考试 ID 由认证专员保管，在考试当天 ID 交由现场监考人员，由监考人员发放到参加认证的人员，如果是线上考试则由认证专员直接发放给考试人员。

步骤 4：注册认证账号。认证账号在申请通过后即可进行注册，考生可以在浏览器地址栏输入 https://3dexperience.virtualtester.com/#home，界面如图 1.1 所示，单击 即可下载认证程序客户端，下载完成后双击下载的客户端，系统会弹出如图 1.2 所示的"许可证协议"对话框。

图 1.1　客户端程序下载界面

图 1.2　"许可证协议"对话框

单击 我接受(I) 后，在系统弹出的如图 1.3 所示的安装位置对话框中设置客户端的安装位置，单击 安装(I) 按钮等待系统安装，单击 完成(F) 按钮完成客户端的安装。

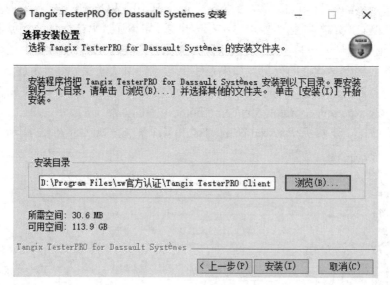

图 1.3 "安装位置"对话框

运行客户端后，系统会弹出如图 1.4 所示的语言选择对话框，选中 ⊙使用汉语作为应用程序语言 后单击 继续 按钮，在系统完成配置后，系统会弹出如图 1.5 所示的"认证账号信息输入"对话框。

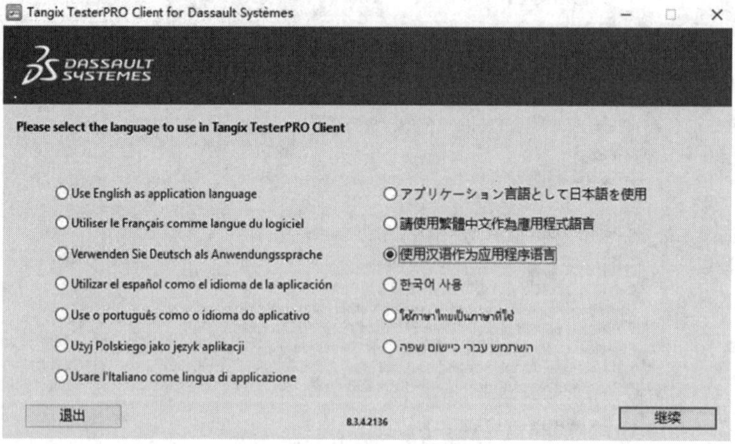

图 1.4 "选择语言"对话框

在"认证账号信息输入"对话框输入必填的姓名、学校、电邮、地址等信息，选中 *☑我接受此隐私政策 与 ☑列入在线认证用户目录中 复选框后单击 继续 按钮，如图 1.5 所示。

登录电子邮箱后会收到 3DEXPERIENCE® Certification Center 发送的验证信息，如图 1.6

所示，单击 Verify Email 按钮完成验证。

在客户端中输入注册账号的密码后单击 继续 按钮完成认证账号的注册。

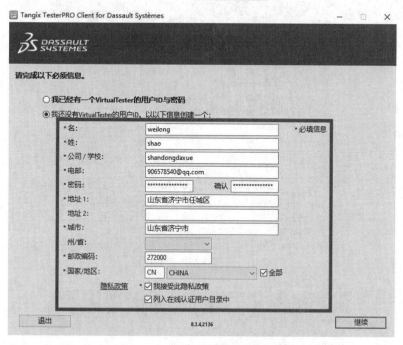

图 1.5 "认证账号信息输入"对话框

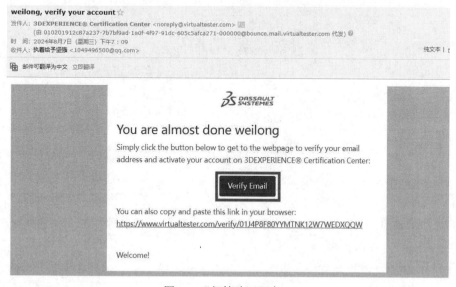

图 1.6 "邮箱验证"窗口

步骤 5：参加认证考试。在认证当日的规定时间登录客户端，在如图 1.7 所示的"选择品牌"对话框中选择 SOLIDWORKS，在系统弹出的如图 1.8 所示的"输入考试 ID"对话框中使用认证专员提供的考试 ID 获取考试资格。

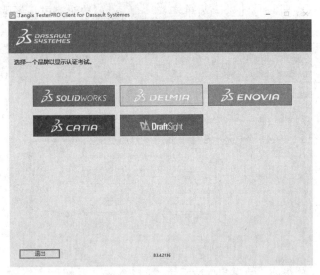

图 1.7 "选择品牌"对话框

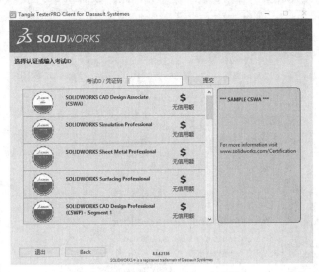

图 1.8 "输入考试 ID"对话框

1.4　SOLIDWORKS 全球认证考试题型与范围

　　CSWA 认证考试内容共分为 3 组题目，分别为理论选择题、零件建模题、装配体题。
　1. 理论选择题
　　题型为选择题，主要考察建模基础理论知识与工程图知识，需要熟悉基本特征功能、参考平面、工程图中的各种视图、工程图与零件装配的关联，了解 SOLIDWORKS 所支持的文件类型，熟悉文档属性、模型属性、单位精度的设置调整等，其中工程图中各个视图的认识是考试的重点。

2. 零件建模题

题型为选择题和填空题，主要考察基本建模能力与较复杂零件的建模能力，需要读懂题目给定的二维图进行模型创建，处理好草图平面、零件原点、零件尺寸、草图几何约束等，模型创建后需要根据题目要求赋予相应的材质，根据题目要求测量数据得到答案，一般每个组题目的第1题为选择题，后面为填空题或者选择题；主要涉及的知识点包括拉伸、旋转、倒角、圆角、抽壳、拔模、筋、孔、阵列、基准及方程式等。

3. 装配体题

题型为选择题和填空题，主要考察基本装配能力，需要先根据题目提供的零件模型进行装配，再根据装配完成后的装配体进行答题；主要涉及的知识点包括基本装配约束（重合、平行、垂直、相切、同轴、距离、角度等）、镜像零部件、坐标系、测量、质量属性等。

CSWP认证考试内容共分为3组题目，分别为零件建模题、零件修改题、装配体题。

1. 零件建模题

题型为选择题与填空题，主要考察基本建模能力，主要包括从工程图生成零件；使用链接尺寸和方程式来帮助建模；使用方程式来关联尺寸；更新参数与尺寸大小；分析质量属性。考生需要利用方程式，先根据图纸进行建模，然后测量模型质量，再在给的选项中选择正确的答案（这里必须保证自己所作模型数据与选项答案一致），随后需要对所作模型进行修改，有的需要修改方程式数值，有的需要修改草图形状，有的需要删除特征，最后选择或者输入准确的数据。

2. 零件修改题

题型为选择题与填空题，主要考察零件修改的能力，主要包括从现有配置生成新的配置；更改显示配置；更改现有SOLIDWORKS零件的特征；测量间距或者质量属性等数据。零件修改题目中系统会提供零件图，考生需要对零件的特征进行修改，对配置进行修改或者添加，最后测量质量、距离及配置相关数据，第1个题目一般为选择题，后面的题目为选择题与填空题。

3. 装配体题

题型为选择题和填空题，主要考察基本装配能力，主要包括新建装配体；向装配体添加零件；在装配体添加坐标系，进而测量装配相关数据；在装配体中移动零件时执行碰撞检测。装配体题目中系统会提供装配所需文件，考生需要根据要求进行产品组装，组装后建立定位坐标系，装配零件时会要求测量产品质量、重心、角度等数据。

1.5 SOLIDWORKS 全球认证考试形式

SOLIDWORKS全球认证考试采用网络在线考试、在线评分模式，CSWA考试时间为180min，满分为240分，及格分数为165分，总题目为14题；CSWP考试时间为200min，满分为 320 分，及格分数为 229 分，总题目为 37 题。考试完成提交试卷后当场给出是否通过考试的结论。

1.6　SOLIDWORKS 全球认证考试证书的发放

SOLIDWORKS 全球认证考试提交后即可得到考试成绩，认证考试通过的考生在两个工作日内可登录系统下载电子文档，如果需要纸质证书，则可以与认证专员联系，证书样例如图 1.9 所示。

图 1.9　证书样例

第 2 章　SOLIDWORKS 基础概述

2.1　工作目录

8min

1. 什么是工作目录

工作目录简单来讲就是一个文件夹，这个文件夹的作用又是什么呢？当使用 SOLIDWORKS 完成一个零件的具体设计后，肯定需要将其保存下来，这个保存的位置就是工作目录。

2. 为什么要设置工作目录

工作目录其实是用来帮助我们管理当前所做的项目的，是一个非常重要的管理工具。下面以一个简单的装配文件为例，介绍工作目录的重要性。例如一个装配文件需要 4 个零件来装配，如果之前没有注意工作目录的问题，将这 4 个零件分别保存在 4 个文件夹中，则在装配时，依次需要到这 4 个文件夹中寻找装配零件，这样操作起来就比较麻烦，也不便于提高工作效率，最后在保存装配文件时，如果不注意，则很容易将装配文件保存在一个我们不知道的地方，如图 2.1 所示。

如果在进行装配之前设置了工作目录，并且对这些需要装配的文件有效地进行了管理（将这 4 个零件都放在创建的工作目录中），则这些问题都不会出现；另外，完成装配后，装配文件和各零件都必须保存在同一个文件夹中（同一个工作目录中），否则下次打开装配文件时会出现打开失败的问题，如图 2.2 所示。

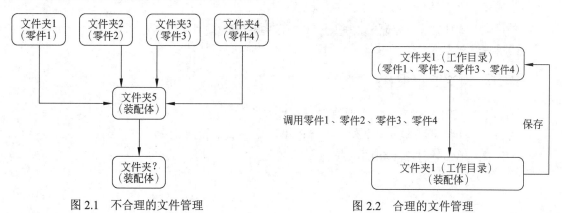

图 2.1　不合理的文件管理　　　　　图 2.2　合理的文件管理

3. 如何设置工作目录

在项目开始之前，首先在计算机上创建一个文件夹作为工作目录（如在 D 盘中创建一个"SOLIDWORKS 认证考试"的文件夹），用来存放和管理该项目的所有文件（如零件文件、装配文件和工程图文件等）。

2.2 软件的启动与退出

2.2.1 软件的启动

启动 SOLIDWORKS 软件主要有以下几种方法。

方法 1：双击 Windows 桌面上的 SOLIDWORKS 2024 软件快捷图标，如图 2.3 所示。

方法 2：右击 Windows 桌面上的 SOLIDWORKS 2024 软件快捷图标，选择"打开"命令，如图 2.4 所示。

图 2.3 SOLIDWORKS 2024 软件快捷图标

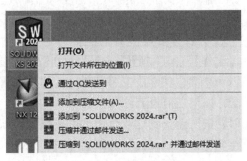

图 2.4 右击快捷菜单

说明：读者在正常安装 SOLIDWORKS 2024 之后，在 Windows 桌面上都会显示 SOLIDWORKS 2024 的快捷图标。

方法 3：从 Windows 系统开始菜单启动 SOLIDWORKS 2024 软件，操作方法如下。

步骤 1：单击 Windows 左下角的 按钮。

步骤 2：选择 → SOLIDWORKS 2024 最近添加 → SOLIDWORKS 2024 最近添加 命令。

方法 4：双击现有的 SOLIDWORKS 文件也可以启动软件。

2.2.2 软件的退出

退出 SOLIDWORKS 软件主要有以下几种方法。

方法 1：选择下拉菜单"文件"→"退出"命令退出软件。

方法 2：单击软件右上角的 × 按钮。

2.3 SOLIDWORKS 工作界面

在学习本节前，先打开一个随书配套的模型文件。选择下拉菜单"文件"→"打开"命令，在"打开"对话框中选择目录 D:\SOLIDWORKS 认证考试\work\ch02.03，选中"转板"文件，单击"打开"按钮。

SOLIDWORKS 2024 版本零件设计环境的工作界面主要包括下拉菜单区、功能选项卡区、设计树、视图前导栏、图形区、任务窗格和状态栏等，如图 2.5 所示。

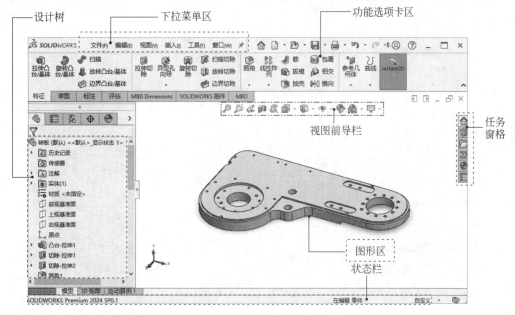

图 2.5 工作界面

1. 下拉菜单区

下拉菜单区包含了软件在当前环境下所有的功能命令，这其中主要包含了文件、编辑、视图、插入、工具、窗口、帮助下拉菜单，主要作用是帮助我们执行相关的功能命令。

2. 功能选项卡区

功能选项卡区显示了 SOLIDWORKS 建模中的常用功能按钮，并以选项卡的形式进行分类；有的面板中没有足够的空间显示所有的按钮，用户在使用时可以单击下方带三角的按钮▼，以展开折叠区域，显示其他相关的命令按钮。

注意：用户会看到有些菜单命令和按钮处于非激活状态（呈灰色，即暗色），这是因为它们目前还没有处在发挥功能的环境中，一旦它们进入有关的环境，便会自动激活。

3. 设计树

设计树中列出了活动文件中的所有零件、特征及基准和坐标系等，并以树的形式显示模型结构。设计树的主要作用有以下几点。

（1）查看模型的特征组成，例如如图 2.6 所示的带轮模型就是由旋转、螺纹孔和阵列圆周 3 个特征组成的。

（2）查看每个特征的创建顺序，例如如图 2.6 所示的模型第 1 个创建的特征为旋转 1，第 2 个创建的特征为 M3 螺纹孔 1，第 3 个创建的特征为阵列（圆周）1。

（3）查看每步特征创建的具体结构。将鼠标放到如图 2.6 所示的控制棒上，此时鼠标形状将会变为一个小手的图形，按住鼠标左键将其拖动到旋转 1 下，此时绘图区将只显示旋转 1 创建的特征，如图 2.7 所示。

（4）编辑修改特征参数。右击需要编辑的特征，在系统弹出的下拉菜单中选择编辑特征命令就可以修改特征数据。

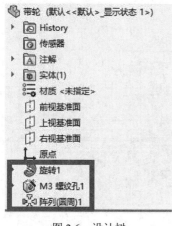

图 2.6　设计树

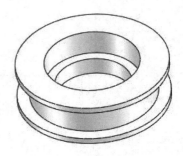

图 2.7　旋转特征 1

4. 图形区

SOLIDWORKS 各种模型图像的显示区，也叫主工作区，类似于计算机的显示器。

5. 视图前导栏

视图前导栏主要用于控制模型的各种显示，例如放大/缩小、剖切、显示/隐藏、外观设置、场景设置、显示方式及模型定向等。

6. 任务窗格

SOLIDWORKS 的任务窗格主要包含以下内容。

（1）SOLIDWORKS 资源：包括 SOLIDWORKS 工具、在线资源、订阅服务等。

（2）设计库：包括钣金冲压模具库、管道库、电气布线库、标准件库及自定义库等内容。

（3）文件探索器：相当于 Windows 资源管理器，可以方便地查看和打开模型。

（4）视图调色板：用于在工程图环境中通过拖动的方式创建基本工程图视图。

（5）外观布景贴图：用于快速设置模型的外观、场景（所处的环境）、贴图等。

（6）自定义属性：用于自定义属性标签编制程序。

7. 状态栏

在用户操作软件的过程中，消息区会实时显示与当前操作相关的提示信息等，以引导用户操作,在消息区的右侧会显示当前软件的使用环境(草图环境、零件环境、装配环境、工程图环境)和当前软件的单位制,如图2.8所示。

图 2.8 状态栏

2.4 SOLIDWORKS 基本鼠标操作

使用 SOLIDWORKS 软件执行命令时,主要是用鼠标指针单击工具栏中的命令图标,此外可以选择下拉菜单或者用键盘输入快捷键来执行命令,还可以使用键盘输入相应的数值。与其他的 CAD 软件类似,SOLIDWORKS 也提供了各种鼠标功能,包括执行命令、选择对象、弹出快捷菜单,以及控制模型的旋转、缩放和平移等。

2.4.1 使用鼠标控制模型

1. 旋转模型

按住鼠标中键,移动鼠标就可以旋转模型,鼠标移动的方向就是旋转的方向。

在绘图区空白位置右击,在系统弹出的快捷菜单中选择"旋转视图",按住鼠标左键移动鼠标即可旋转模型。

2. 缩放模型

滚动鼠标中键,向前滚动可以缩小模型,向后滚动可以放大模型。

先按住 Shift 键,然后按住鼠标中键,向前移动鼠标可以放大模型,向后移动鼠标可以缩小模型。

在绘图区空白位置右击,在系统弹出的快捷菜单中选择"放大或缩小",按住鼠标左键向前移动鼠标可以放大模型,按住鼠标左键向后移动鼠标可以缩小模型。

3. 平移模型

先按 Ctrl 键,然后按住鼠标中键,移动鼠标就可以移动模型,鼠标移动的方向就是模型移动的方向。

在绘图区空白位置右击,在系统弹出的快捷菜单中选择"平移",按住鼠标左键移动鼠标即可平移模型。

2.4.2 对象的选取

1. 选取单个对象

(1)直接单击需要选取的对象。

(2)在设计树中单击对象名称即可选取对象,被选取的对象会加亮显示。

2. 选取多个对象

（1）按 Ctrl 键，单击多个对象就可以选取多个对象。

（2）在设计树中按 Ctrl 键单击多个对象名称即可选取多个对象。

（3）在设计树中按住 Shift 键选取第 1 个对象，再选取最后一个对象，这样就可以选中从第 1 个对象到最后一个对象之间的所有对象。

3. 利用选择过滤器工具栏选取对象

使用如图 2.9 所示的选择过滤器工具条可以帮助我们选取特定类型的对象，例如只想选取边线，此时可以打开选择过滤器，按下 按钮即可。

图 2.9 选择过滤器工具栏

注意：当按下 时，系统将只可以选取边线对象，不能选取其他对象。

2.5 SOLIDWORKS 文件操作

2.5.1 打开文件

正常启动软件后，要想打开名称为转板.SLDPRT 的文件，其操作步骤如下。

步骤 1：执行命令。选择快速访问工具栏中的 ，或者选择下拉菜单"文件"→"打开"命令，系统会弹出打开对话框。

步骤 2：打开文件。找到模型文件所在的文件夹后，在文件列表中选中要打开的文件名为转板.SLDPRT 的文件，单击"打开"按钮，即可打开文件，或者双击文件名也可以打开文件。

注意：对于最近打开的文件，可以在文件下拉菜单中将其直接打开，或者在快速访问工具栏中单击 后的 ，在系统弹出的下拉菜单中选择"浏览最近文件"命令，在系统弹出的对话框中双击要打开的文件即可打开。

单击"所有文件"文本框右侧的 按钮，选择某一种文件类型，此时文件列表中将只显示此类型的文件，方便用户打开某一种特定类型的文件。

SOLIDWORKS 中零件的标准格式为.sldprt，装配的标准格式为.sldasm，工程图的标准格式为.slddrw。

2.5.2 保存文件

保存文件非常重要，读者一定要养成间隔一段时间就对所做工作进行保存的习惯，这样就可以避免出现一些意外而造成不必要的麻烦。保存文件分两种情况：如果要保存已经打开的文件，则文件保存后系统会自动覆盖当前文件，如果要保存新建的文件，则系统会弹出"另存为"对话框，下面以新建一个 test 文件并保存为例，说明保存文件的一般操作过程。

步骤 1：新建文件。选择快速访问工具栏中的 ▯·，或者选择下拉菜单"文件"→"新建"命令，系统会弹出新建 SOLIDWORKS 文件对话框。

步骤 2：选择零件模板。首先在新建 SOLIDWORKS 文件对话框中选择"零件" ▯，然后单击"确定"按钮。

步骤 3：保存文件。选择快速访问工具栏中的 ▯·命令，或者选择下拉菜单"文件"→"保存"命令，系统会弹出"另存为"对话框。

步骤 4：在"另存为"中选择文件保存的路径（例如 D:\SOLIDWORKS 认证考试\work\ch02.05），在文件名文本框中输入文件名称（例如 test），单击"另存为"对话框中的"保存"按钮，即可完成保存操作。

注意：在 SOLIDWORKS 2024 版本中已经支持将 2024 版本创建的文件保存为 2022 或者 2023 的文件，用户可以在"另存为"对话框保存类型下拉列表中选择 SOLIDWORKS 2022 Part 或者 SOLIDWORKS 2023 Part 即可。

2.5.3 关闭文件

关闭文件主要有以下两种情况：

第一，如果关闭文件前已经对文件进行了保存操作，则可以选择下拉菜单"文件"→"关闭"命令（或者按快捷键 Ctrl+W）直接关闭文件。

第二，如果关闭文件前没有对文件进行保存操作，则在选择"文件"→"关闭"命令（或者按快捷键 Ctrl+W）后，系统会弹出 SOLIDWORKS 对话框，提示用户是否需要保存文件，此时单击对话框中的"全部保存"就可以将文件保存后关闭文件；单击"不保存"将不保存文件而直接关闭。

第 3 章 SOLIDWORKS 二维草图设计

3.1 进入与退出二维草图设计环境

1. 进入草图环境的操作方法

步骤 1：启动 SOLIDWORKS 软件。

步骤 2：新建文件。选择"快速访问工具栏"中的 ▯ 命令，或者选择下拉菜单"文件"→"新建"命令，系统会弹出"新建 SOLIDWORKS 文件"对话框；在"新建 SOLIDWORKS 文件"对话框中选择"零件" ▮ ，然后单击"确定"按钮进入零件建模环境。

步骤 3：单击 草图 功能选项卡中的草图绘制 ▯ 草图绘制 按钮，或者选择下拉菜单"插入"→"草图绘制"命令，在系统"选择一基准面为实体生成草图"的提示下，选取"前视基准面"作为草图平面，进入草图环境。

2. 退出草图环境的操作方法

在草图设计环境中单击图形右上角的 ▯ （退出草图）按钮，或者选择下拉菜单"插入"→"退出草图"命令。

3.2 SOLIDWORKS 二维草图的绘制

3.2.1 直线的绘制

步骤 1：进入草图环境。选择"快速访问工具栏"中的 ▯ 命令，系统会弹出"新建 SOLIDWORKS 文件"对话框；在"新建 SOLIDWORKS 文件"对话框中选择 ▮ （零件），然后单击"确定"按钮进入零件建模环境；单击 草图 功能选项卡中的 ▯ 草图绘制 按钮，在系统的提示下，选取"前视基准面"作为草图平面，进入草图环境。

步骤 2：选择命令。单击 草图 功能选项卡 ▯ 后的 ▾ 按钮，选择 ▯ 直线 命令，系统会弹出"插入线条"对话框。

步骤 3：选取直线的起点。在图形区的任意位置单击，即可确定直线的起点（单击位置就是起点位置），此时可以在绘图区看到"橡皮筋"线附着在鼠标指针上，如图 3.1 所示。

步骤 4：选取直线的终点。在图形区的任意位置单击，即可确定直线的终点（单击位置就是终点位置），系统会自动在起点和终点之间绘制 1 条直线，并且在直线的终点处会再次出现"橡皮筋"线。

步骤 5：连续绘制。重复步骤 4 可以创建一系列连续的直线。

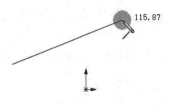

图 3.1　直线绘制"橡皮筋"

步骤 6：结束绘制。在键盘上按 Esc 键，结束直线的绘制。

3.2.2　中心线的绘制

步骤 1：选择命令。单击 草图 功能选项卡 后的 按钮，选择 中心线(N) 命令，系统会弹出"插入线条"对话框。

步骤 2：选取中心线的起点。在图形区的任意位置单击，即可确定中心线的起点（单击位置就是起点位置），此时可以在绘图区看到"橡皮筋"线附着在鼠标指针上。

步骤 3：选取中心线的终点。在图形区的任意位置单击，即可确定中心线的终点（单击位置就是终点位置），系统会自动在起点和终点之间绘制 1 条中心线，并且在中心线的终点处会再次出现"橡皮筋"线。

步骤 4：连续绘制。重复步骤 3 可以创建一系列连续的中心线。

步骤 5：结束绘制。在键盘上按 Esc 键，结束中心线的绘制。

3.2.3　中点线的绘制

步骤 1：选择命令。单击 草图 功能选项卡 后的 按钮，选择 中点线 命令，系统会弹出"插入线条"对话框。

步骤 2：选取中点线的中点。在图形区的任意位置单击，即可确定中点线的中点（单击位置就是中点位置），此时可以在绘图区看到"橡皮筋"线附着在鼠标指针上。

步骤 3：选取中点线段点。在图形区的任意位置单击，即可确定中点线的端点（单击位置就是起点位置），系统会自动绘制1条中点线，并且在中点线的端点处会再次出现"橡皮筋"线。

步骤 4：连续绘制。重复步骤 3 可以创建一系列连续的直线。

步骤 5：结束绘制。在键盘上按 Esc 键，结束中点线的绘制。

3.2.4　矩形的绘制

方法一：边角矩形

步骤 1：选择命令。单击 草图 功能选项卡 后的 按钮，选择 边角矩形 命令，系统会弹出"矩形"对话框。

步骤 2：定义边角矩形的第 1 个角点。在图形区的任意位置单击，即可确定边角矩形的第 1 个角点。

步骤3：定义边角矩形的第 2 个角点。在图形区的任意位置再次单击，即可确定边角矩形的第 2 个角点，此时系统会自动在两个角点间绘制一个边角矩形。

步骤4：结束绘制。在键盘上按 Esc 键，结束边角矩形的绘制。

方法二：中心矩形

步骤1：选择命令。单击 草图 功能选项卡 ▢· 后的 · 按钮，选择 ▢ 中心矩形 命令，系统会弹出"矩形"对话框。

步骤2：定义中心矩形的中心。在图形区的任意位置单击，即可确定中心矩形的中心点。

步骤3：定义边角矩形的一个角点。在图形区的任意位置再次单击，即可确定中心矩形的第 1 个角点，此时系统会自动绘制一个中心矩形。

步骤4：结束绘制。在键盘上按 Esc 键，结束中心矩形的绘制。

方法三：三点边角矩形

步骤1：选择命令。单击 草图 功能选项卡 ▢· 后的 · 按钮，选择 ◇ 3点边角矩形 命令，系统会弹出"矩形"对话框。

步骤2：定义三点边角矩形的第 1 个角点。在图形区的任意位置单击，即可确定三点边角矩形的第 1 个角点。

步骤3：定义三点边角矩形的第 2 个角点。在图形区的任意位置再次单击，即可确定三点边角矩形的第 2 个角点，此时系统会绘制矩形的一条边线。

步骤4：定义三点边角矩形的第 3 个角点。在图形区的任意位置再次单击，即可确定三点边角矩形的第 3 个角点，此时系统会自动在 3 个角点间绘制一个矩形。

步骤5：结束绘制。在键盘上按 Esc 键，结束矩形的绘制。

方法四：三点中心矩形

步骤1：选择命令。单击 草图 功能选项卡 ▢· 后的 · 按钮，选择 ◇ 3点中心矩形 命令，系统会弹出"矩形"对话框。

步骤2：定义三点中心矩形的中心点。在图形区的任意位置单击，即可确定三点中心矩形的中心点。

步骤3：定义三点中心矩形的一边的中点。在图形区的任意位置再次单击，即可确定三点中心矩形一条边的中点。

步骤4：定义三点中心矩形的一个角点。在图形区的任意位置再次单击，即可确定三点中心矩形的一个角点，此时系统会自动在 3 个点间绘制一个矩形。

步骤5：结束绘制。在键盘上按 Esc 键，结束矩形的绘制。

方法五：平行四边形

步骤1：选择命令。单击 草图 功能选项卡 ▢· 后的 · 按钮，选择 ▱ 平行四边形 命令，系统会弹出"矩形"对话框。

步骤2：定义平行四边形的第 1 个角点。在图形区的任意位置单击，即可确定平行四边形的第 1 个角点。

步骤 3：定义平行四边形的第 2 个角点。在图形区的任意位置再次单击，即可确定平行四边形的第 2 个角点。

步骤 4：定义平行四边形的第 3 个角点。在图形区的任意位置再次单击，即可确定平行四边形的第 3 个角点，此时系统会自动在 3 个角点间绘制一个平行四边形。

步骤 5：结束绘制。在键盘上按 Esc 键，结束平行四边形的绘制。

3.2.5　多边形的绘制

方法一：内切圆正多边形

步骤 1：选择命令。单击 草图 功能选项卡中的 ⊙ 按钮，系统会弹出"多边形"对话框。

步骤 2：定义多边形的类型。在"多边形"对话框选中 ⊙内切圆 单选项。

步骤 3：定义多边形的边数。在"多边形"对话框 ⊗ 文本框中输入边数 6。

步骤 4：定义多边形的中心。在图形区的任意位置再次单击，即可确定多边形的中心点。

步骤 5：定义多边形的角点。在图形区的任意位置再次单击（例如点 B），即可确定多边形的角点，此时系统会自动在两个点间绘制一个正六边形。

步骤 6：结束绘制。在键盘上按 Esc 键，结束多边形的绘制，如图 3.2 所示。

方法二：外接圆正多边形

步骤 1：选择命令。单击 草图 功能选项卡中的 ⊙ 按钮，系统会弹出"多边形"对话框。

步骤 2：定义多边形的类型。在"多边形"对话框选中 ⊙外接圆(B) 单选项。

步骤 3：定义多边形的边数。在"多边形"对话框 ⊗ 文本框中输入边数 6。

步骤 4：定义多边形的中心。在图形区的任意位置再次单击，即可确定多边形的中心点。

步骤 5：定义多边形的角点。在图形区的任意位置再次单击（例如点 B），即可确定多边形的角点，此时系统会自动在两个点间绘制一个正六边形。

步骤 6：结束绘制。在键盘上按 Esc 键，结束多边形的绘制，如图 3.3 所示。

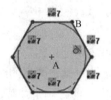 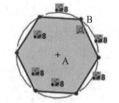

图 3.2　内切圆正多边形　　　　　　　　图 3.3　外接圆正多边形

3.2.6　圆的绘制

方法一：中心半径方式

步骤 1：选择命令。单击 草图 功能选项卡 ⊙· 后的 · 按钮，选择 ⊙ 圆(R) 命令，系统会弹出"圆"对话框。

步骤 2：定义圆的圆心。在图形区的任意位置单击，即可确定圆的圆心。

步骤 3：定义圆的圆上点。在图形区的任意位置再次单击，即可确定圆的圆上点，此时系统会自动在两个点间绘制一个圆。

步骤 4：结束绘制。在键盘上按 Esc 键，结束圆的绘制。

方法二：三点方式

步骤 1：选择命令。单击 草图 功能选项卡 ⊙ 后的 · 按钮，选择 ○ 周边圆 命令，系统会弹出"圆"对话框。

步骤 2：定义圆上的第 1 个点。在图形区的任意位置单击，即可确定圆上的第 1 个点。

步骤 3：定义圆上的第 2 个点。在图形区的任意位置再次单击，即可确定圆上的第 2 个点。

步骤 4：定义圆上的第 3 个点。在图形区的任意位置再次单击，即可确定圆上的第 3 个点，此时系统会自动在 3 个点间绘制一个圆。

步骤 5：结束绘制。在键盘上按 Esc 键，结束圆的绘制。

3.2.7 圆弧的绘制

4min

方法一：圆心起点终点方式

步骤 1：选择命令。单击 草图 功能选项卡 ⌒ 后的 · 按钮，选择 ⌒ 圆心/起/终点画弧(T) 命令，系统会弹出"圆弧"对话框。

步骤 2：定义圆弧的圆心。在图形区的任意位置单击，即可确定圆弧的圆心。

步骤 3：定义圆弧的起点。在图形区的任意位置再次单击，即可确定圆弧的起点。

步骤 4：定义圆弧的终点。在图形区的任意位置再次单击，即可确定圆弧的终点，此时系统会自动绘制一个圆弧（鼠标移动的方向就是圆弧生成的方向）。

步骤 5：结束绘制。在键盘上按 Esc 键，结束圆弧的绘制。

方法二：三点方式

步骤 1：选择命令。单击 草图 功能选项卡 ⌒ 后的 · 按钮，选择 ⌒ 3 点圆弧(T) 命令，系统会弹出"圆弧"对话框。

步骤 2：定义圆弧的起点。在图形区的任意位置单击，即可确定圆弧的起点。

步骤 3：定义圆弧的终点。在图形区的任意位置再次单击，即可确定圆弧的终点。

步骤 4：定义圆弧的通过点。在图形区的任意位置再次单击，即可确定圆弧的通过点，此时系统会自动在 3 个点间绘制一个圆弧。

步骤 5：结束绘制。在键盘上按 Esc 键，结束圆弧的绘制。

方法三：相切方式

步骤 1：选择命令。单击 草图 功能选项卡 ⌒ 后的 · 按钮，选择 ⌒ 切线弧 命令，系统会弹出"圆弧"对话框。

步骤 2：定义圆弧的相切点。在图形区中选取现有开放对象的端点作为圆弧相切点。

步骤 3：定义圆弧的终点。在图形区的任意位置单击，即可确定圆弧的终点，此时系统会自动在两个点间绘制一个相切的圆弧。

步骤4：结束绘制。在键盘上按 Esc 键，结束圆弧的绘制。

说明：相切弧绘制前必须保证现有草图中有开放的图元对象（直线、圆弧及样条曲线等）。

3.2.8 直线圆弧的快速切换

直线与圆弧对象在进行具体绘制草图时是两个使用非常普遍的功能命令，如果还是采用传统的直线命令绘制直线，采用圆弧命令绘制圆弧，则绘图的效率将会非常低，因此软件向用户提供了一种快速切换直线与圆弧的方法，接下来就以绘制如图 3.4 所示的图形为例，介绍直线圆弧的快速切换方法。

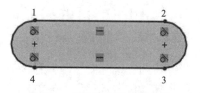

图 3.4　直线圆弧的快速切换

步骤1：选择命令。单击　草图　功能选项卡 [/]· 后的 [·] 按钮，选择 [/ 直线(L)] 命令，系统会弹出"插入线条"对话框。

步骤2：绘制直线 1。在图形区的任意位置单击（点 1），即可确定直线的起点；水平移动鼠标，在合适位置单击确定直线的端点（点 2），此时完成第 1 段直线的绘制。

步骤3：绘制圆弧 1。当直线的端点出现一个"橡皮筋"时，将鼠标移动至直线的端点位置，此时可以在直线的端点处绘制一段圆弧，在合适的位置单击，即可确定圆弧的端点（点 3）。

步骤4：绘制直线 2。当圆弧的端点出现一个"橡皮筋"时，水平移动鼠标，在合适的位置单击，即可确定直线的端点（点 4）。

步骤5：绘制圆弧 2。当直线的端点出现一个"橡皮筋"时，将鼠标移动至直线的端点位置，此时可以在直线的端点处绘制一段圆弧，在直线 1 的起点处单击，即可确定圆弧的端点。

步骤6：结束绘制。在键盘上按 Esc 键，结束图形的绘制。

3.2.9 椭圆与椭圆弧的绘制

1. 椭圆的绘制

步骤1：选择命令。单击　草图　功能选项卡 [⊙]· 后的 [·] 按钮，选择 [⊙ 椭圆(L)] 命令。

步骤2：定义椭圆的圆心。在图形区的任意位置单击，即可确定椭圆的圆心。

步骤3：定义椭圆的长半轴点。在图形区的任意位置再次单击，即可确定椭圆长半轴点（圆心与长半轴点的连线将决定椭圆的角度）。

步骤4：定义椭圆的短半轴点。在图形区与长半轴垂直方向上的合适位置单击，即可确定椭圆的短半轴点，此时系统会自动绘制一个椭圆。

步骤5：结束绘制。在键盘上按 Esc 键，结束椭圆的绘制。

2. 椭圆弧（部分椭圆）的绘制

步骤1：选择命令。单击　草图　功能选项卡 [⊙]· 后的 [·] 按钮，选择 [⌒ 部分椭圆(P)] 命令。

步骤2：定义椭圆弧的圆心。在图形区的任意位置单击，即可确定椭圆的圆心。

步骤 3：定义椭圆弧的长半轴点。在图形区的任意位置再次单击，即可确定椭圆的长半轴点（圆心与长半轴点的连线将决定椭圆的角度）。

步骤 4：定义椭圆弧的短半轴点及椭圆弧的起点。在图形区的合适位置单击，即可确定椭圆的短半轴及椭圆弧的起点。

步骤 5：定义椭圆弧的终点。在图形区的合适位置单击，即可确定椭圆的终点。

步骤 6：结束绘制。在键盘上按 Esc 键，结束椭圆弧的绘制。

3.2.10 槽口的绘制

方法一：直槽口

步骤 1：选择命令。单击 草图 功能选项卡 ⊙· 后的 · 按钮，选择 ⊙ 直槽口 命令，系统会弹出"槽口"对话框。

步骤 2：定义直槽口的第 1 个定位点。在图形区的任意位置单击，即可确定直槽口的第 1 个定位点。

步骤 3：定义直槽口的第 2 个定位点。在图形区的任意位置再次单击，即可确定直槽口的第 2 个定位点（第 1 个定位点与第 2 个定位点的连线将直接决定槽口的整体角度）。

步骤 4：定义直槽口的大小控制点。在图形区的任意位置再次单击，即可确定直槽口的大小控制点，此时系统会自动绘制一个直槽口。

注意：大小控制点不可以与第 1 个定位点与第 2 个定位点之间的连线重合，否则将不能创建槽口；第 1 个定位点与第 2 个定位点之间的连线与大小控制点之间的距离将直接决定槽口的半宽。

步骤 5：结束绘制。在键盘上按 Esc 键，结束槽口的绘制。

方法二：中心点直槽口

步骤 1：选择命令。单击 草图 功能选项卡 ⊙· 后的 · 按钮，选择 ⊙ 中心点直槽口 命令，系统会弹出"槽口"对话框。

步骤 2：定义中心点直槽口的中心点。在图形区的任意位置单击，即可确定中心点直槽口的中心点。

步骤 3：定义中心点直槽口的定位点。在图形区的任意位置再次单击，即可确定中心点直槽口的定位点（中心点与定位点的连线将直接决定槽口的整体角度）。

步骤 4：定义中心点直槽口的大小控制点。在图形区的任意位置再次单击，即可确定圆弧的通过点，此时系统会自动在 3 个点间绘制一个槽口。

步骤 5：结束绘制。在键盘上按 Esc 键，结束槽口的绘制。

方法三：三点圆弧槽口

步骤 1：选择命令。单击 草图 功能选项卡 ⊙· 后的 · 按钮，选择 ⌒ 三点圆弧槽口 命令，系统会弹出"槽口"对话框。

步骤 2：定义三点圆弧的起点。在图形区的任意位置单击，即可确定三点圆弧的起点。

步骤 3：定义三点圆弧的终点。在图形区的任意位置再次单击，即可确定三点圆弧的终点。

步骤 4：定义三点圆弧的通过点。在图形区的任意位置再次单击，即可确定三点圆弧的通过点。

步骤 5：定义三点圆弧槽口的大小控制点。在图形区的任意位置再次单击，即可确定三点圆弧槽口的大小控制点，此时系统会自动在 3 个点间绘制一个槽口。

步骤 6：结束绘制。在键盘上按 Esc 键，结束槽口的绘制。

方法四：中心点圆弧槽口

步骤 1：选择命令。单击 草图 功能选项卡 ⊙ 后的 · 按钮，选择 ⚙ 中心点圆弧槽口(I) 命令，系统会弹出"槽口"对话框。

步骤 2：定义圆弧的中心点。在图形区的任意位置单击，即可确定圆弧的中心点。

步骤 3：定义圆弧的起点。在图形区的任意位置再次单击，即可确定圆弧的起点。

步骤 4：定义圆弧的终点。在图形区的任意位置再次单击，即可确定圆弧的终点。

步骤 5：定义中心点圆弧槽口的大小控制点。在图形区的任意位置再次单击，即可确定中心点圆弧槽口的大小控制点，此时系统会自动在 4 个点间绘制一个槽口。

步骤 6：结束绘制。在键盘上按 Esc 键，结束槽口的绘制。

3.2.11 样条曲线的绘制

样条曲线是通过任意多个位置点（至少两个点）的平滑曲线，样条曲线主要用来帮助用户得到各种复杂的曲面造型，因此在进行曲面设计时会经常使用。

下面以绘制如图 3.5 所示的样条曲线为例，说明绘制样条曲线的一般操作过程。

步骤 1：选择命令。单击 草图 功能选项卡 Ⓝ 后的 · 按钮，选择 Ⓝ 样条曲线(S) 命令。

图 3.5 样条曲线

步骤 2：定义样条曲线的第 1 个定位点。在图形区的点 1（如图 3.5 所示）位置单击，即可确定样条曲线的第 1 个定位点。

步骤 3：定义样条曲线的第 2 个定位点。在图形区的点 2（如图 3.5 所示）位置再次单击，即可确定样条曲线的第 2 个定位点。

步骤 4：定义样条曲线的第 3 个定位点。在图形区的点 3（如图 3.5 所示）位置再次单击，即可确定样条曲线的第 3 个定位点。

步骤 5：定义样条曲线的第 4 个定位点。在图形区的点 4（如图 3.5 所示）位置再次单击，即可确定样条曲线的第 4 个定位点。

步骤 6：结束绘制。在键盘上按 Esc 键，结束样条曲线的绘制。

3.2.12 文本的绘制

文本是指我们常说的文字，它是一种比较特殊的草图，在 SOLIDWORKS 中软件给我们提供了草图文字功能，以此来帮助我们绘制文字。

方法一：普通文字

下面以绘制如图 3.6 所示的文本为例，说明绘制文本的一般操作过程。

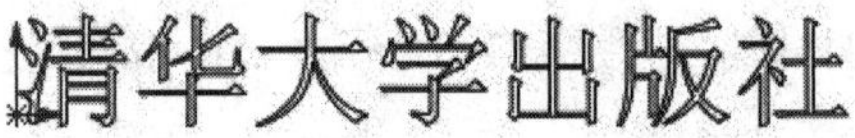

清华大学出版社

图 3.6　文本

步骤 1：选择命令。单击 草图 功能选项卡 A 按钮，系统会弹出"草图文字"对话框。

步骤 2：定义文字内容。在"草图文字"对话框的"文字"区域的文本框中输入"清华大学出版社"。

步骤 3：定义文本位置。在图形区的合适位置单击，即可确定文本的位置。

步骤 4：结束绘制。单击"草图文字"对话框中的 ✓ 按钮，结束文本的绘制。

注意：如果不在绘图区域中单击以确定位置，则系统默认在原点位置放置。

在通过单击方式确定放置位置时，绘图区有可能不会直接显示放置的实际位置，只需单击"草图文字"对话框中的 ✓ 按钮就可以看到实际位置。

方法二：沿曲线文字

下面以绘制如图 3.7 所示的沿曲线文字为例，说明绘制沿曲线文字的一般操作过程。

图 3.7　沿曲线文字

步骤 1：定义定位样条曲线。单击 草图 功能选项卡 N ▾ 后的 ▾ 按钮，选择 N 样条曲线(S) 命令，绘制如图 3.7 所示的样条曲线。

步骤 2：选择命令。单击 草图 功能选项卡 A 按钮，系统会弹出"草图文字"对话框。

步骤 3：定义定位曲线。首先在"草图文字"对话框中激活曲线区域，然后选取步骤 1 所绘制的样条曲线。

步骤 4：定义文本内容。在草图文字对话框的"文字"区域的文本框中输入"清华大学出版社"。

步骤 5：首先定义文本位置，然后选择"两端对齐" ≣ 选项，其他参数采用默认。

步骤 6：结束绘制。单击草图文字对话框中的 ✓ 按钮，结束文本的绘制。

3.2.13 点的绘制

点是最小的几何单元，点可以帮助我们绘制线对象、圆弧对象等，点的绘制在 SOLIDWORKS 中也比较简单。在进行零件设计、曲面设计时点都有很大的作用。

步骤 1：选择命令。单击 草图 功能选项卡 ▪ 按钮。

步骤 2：定义点的位置。在绘图区域中的合适位置单击就可以放置点，如果想继续放置，则可以继续单击以放置点。

步骤 3：结束绘制。在键盘上按 Esc 键，结束点的绘制。

3.3 SOLIDWORKS 二维草图的编辑

对于比较简单的草图，在具体绘制时，各个图元都可以先确定好，但并不是每个图元都可以一步到位地绘制好，在绘制完成后还要对其进行必要的修剪或复制才能完成，这就是草图的编辑。我们在绘制草图时，绘制的速度较快，经常会出现绘制的图元形状和位置不符合要求的情况，这时就需要对草图进行编辑。草图的编辑包括操纵移动图元、镜像、修剪图元等，可以通过这些操作将一个很粗略的草图调整到很规整的状态。

3.3.1 图元的操纵

图元的操纵主要用来调整现有对象的大小和位置。在 SOLIDWORKS 中不同图元的操纵方法是不一样的，接下来就对常用的几类图元的操纵方法进行具体介绍。

1. 直线的操纵

整体移动直线的位置：在图形区，把鼠标移动到直线上，按住左键不放，同时移动鼠标，此时直线将随着鼠标指针一起移动，达到绘图意图后松开鼠标左键即可。

注意：直线移动的方向为直线垂直的方向。

调整直线的大小：在图形区，把鼠标移动到直线的端点上，按住左键不放，同时移动鼠标，此时会看到直线会以另外一个点为固定点伸缩或转动，达到绘图意图后松开鼠标左键即可。

2. 圆的操纵

整体移动圆的位置：在图形区，把鼠标移动到圆心上，按住左键不放，同时移动鼠标，此时圆将随着鼠标指针一起移动，达到绘图意图后松开鼠标左键即可。

调整圆的大小：在图形区，把鼠标移动到圆上，按住左键不放，同时移动鼠标，此时会看到圆随着鼠标的移动而变大或变小，达到绘图意图后松开鼠标左键即可。

3. 圆弧的操纵

整体移动圆弧的位置：在图形区，把鼠标移动到圆弧的圆心上，按住左键不放，同时移动鼠标，此时圆弧将随着鼠标指针一起移动，达到绘图意图后松开鼠标左键即可。

调整圆弧的大小（方法一）：在图形区，把鼠标移动到圆弧的某个端点上，按住左键不放,同时移动鼠标,此时会看到圆弧会以另一端为固定点旋转,并且圆弧的夹角也会变化,达到绘图意图后松开鼠标左键即可。

调整圆弧的大小(方法二):在图形区,把鼠标移动到圆弧上,按住左键不放,同时移动鼠标,此时会看到圆弧的两个端点固定不变,圆弧的夹角和圆心位置会随着鼠标的移动而变化,达到绘图意图后松开鼠标左键即可。

注意:由于在调整圆弧大小时,圆弧圆心位置也会变化,因此为了更好地控制圆弧位置,建议读者先调整好大小,然后调整位置。

4. 矩形的操纵

整体移动矩形的位置:在图形区,首先通过框选的方式选中整个矩形,然后将鼠标移动到矩形的任意一条边线上,按住左键不放,同时移动鼠标,此时矩形将随着鼠标指针一起移动,达到绘图意图后松开鼠标左键即可。

调整矩形的大小:在图形区,把鼠标移动到矩形的水平边线上,按住左键不放,同时移动鼠标,此时会看到矩形的宽度会随着鼠标的移动而变大或变小;在图形区,把鼠标移动到矩形的竖直边线上,按住左键不放,同时移动鼠标,此时会看到矩形的长度会随着鼠标的移动而变大或变小;在图形区,把鼠标移动到矩形的角点上,按住左键不放,同时移动鼠标,此时会看到矩形的长度与宽度会随着鼠标的移动而变大或变小,达到绘图意图后松开鼠标左键即可。

5. 样条曲线的操纵

整体移动样条曲线位置:在图形区,把鼠标移动到样条曲线上,按住左键不放,同时移动鼠标,此时样条曲线将随着鼠标指针一起移动,达到绘图意图后松开鼠标左键即可。

调整样条曲线的形状大小:在图形区,把鼠标移动到样条曲线的中间控制点上,按住左键不放,同时移动鼠标,此时会看到样条曲线的形状随着鼠标的移动而不断变化;在图形区,把鼠标移动到样条曲线的某个端点上,按住左键不放,同时移动鼠标,此时样条曲线的另一个端点和中间点固定不变,其形状会随着鼠标的移动而变化,达到绘图意图后松开鼠标左键即可。

3.3.2 图元的移动

图元的移动主要用来调整现有对象的整体位置。下面以如图 3.8 所示的圆弧为例,介绍

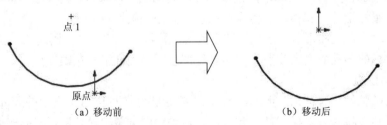

图 3.8 图元移动

图元移动的一般操作过程。

步骤 1：打开文件 D:\SOLIDWORKS 认证考试\work\ch03.03\图元移动-ex.SLDPRT。

步骤 2：进入草图环境。在设计树中右击 草图1，选择 命令，此时系统会进入草图环境。

步骤 3：选择命令。单击 草图 功能选项卡 移动实体 后的 按钮，选择 移动实体 命令，系统会弹出"移动"对话框。

步骤 4：选取移动对象。在"移动"对话框中激活要移动的实体区域，在绘图区选取圆弧作为要移动的对象。

步骤 5：定义移动参数。在"移动"对话框"参数"区域中选中 从到(F)，激活参数区域中的 文本框，选取如图 3.8 所示的点 1 作为移动参考点，选取原点作为移动到的点。

步骤 6：在"移动"对话框单击 ✓ 按钮完成移动的操作。

3.3.3　图元的修剪

图元的修剪主要用来修剪或者延伸图元对象，也可以删除图元对象。下面以图 3.9 为例，介绍图元修剪的一般操作过程。

步骤 1：打开文件 D:\sw26\work\ch03.03\图元修剪-ex.SLDPRT。

（a）修剪前　　　　　　　　　　　（b）修剪后

图 3.9　图元修剪

步骤 2：选择命令。单击 草图 功能选项卡 下的 按钮，选择 剪裁实体(T) 命令，系统会弹出"剪裁"对话框。

步骤 3：定义剪裁类型。在"剪裁"对话框的区域中选中 。

步骤 4：在系统 选择一实体或拖动光标 的提示下，拖动鼠标左键，绘制如图 3.10 所示的轨迹，与该轨迹相交的草图图元将被修剪，结果如图 3.9（b）所示。

步骤 5：在"剪裁"对话框中单击 ✓ 按钮，完成修剪操作。

3.3.4　图元的延伸

图元的延伸主要用来延伸图元对象。下面以图 3.11 为例，介绍图元延伸的一般操作过程。

步骤 1：打开文件 D:\SOLIDWORKS 认证考试\work\ch03.03\图元延伸-ex.SLDPRT。

步骤 2：选择命令。单击 草图 功能选项卡 下的 按钮，选择 延伸实体 命令，

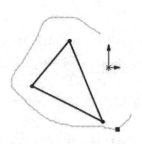
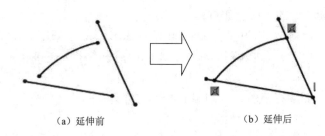

图 3.10　图元的修剪　　　　　　　　图 3.11　图元的延伸

步骤 3：定义要延伸的草图图元。在绘图区单击如图 3.11（a）所示的直线与圆弧，系统会自动将这些直线与圆弧延伸到最近的边界上。

步骤 4：结束操作。按 Esc 键结束延伸操作，效果如图 3.11（b）所示。

3.3.5　图元的分割

图元的分割主要用来将一个草图图元分割为多个独立的草图图元。下面以图 3.12 为例，介绍图元分割的一般操作过程。

图 3.12　图元分割

步骤 1：打开文件 D:\SOLIDWORKS 认证考试\work\ch03.03\图元分割-ex.SLDPRT。

步骤 2：选择命令。选择下拉菜单 工具(T) → 草图工具(T) → 分割实体(I) 命令，系统会弹出"分割实体"对话框。

步骤 3：定义分割对象及位置。在绘图区需要分割的位置单击，此时系统将自动在单击处分割草图图元。

步骤 4：结束操作。按 Esc 键结束分割操作，效果如图 3.12（b）所示。

3.3.6　图元的镜像

图元的镜像主要用来将所选择的源对象，相对于某个镜像中心线进行对称复制，从而可以得到源对象的一个副本，这就是图元的镜像。图元镜像既可以保留源对象，也可以不保留源对象。下面以图 3.13 为例，介绍图元镜像的一般操作过程。

步骤 1：打开文件 D:\SOLIDWORKS 认证考试\work\ch03.03\图元镜像-ex.SLDPRT。

步骤 2：选择命令。单击 草图 功能选项卡中的 镜像实体 按钮，系统会弹出"镜像"对话框。

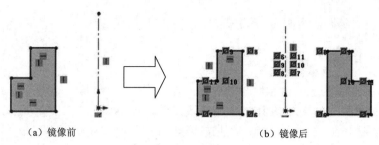

(a)镜像前　　　　　　　　　　(b)镜像后

图 3.13　图元镜像

步骤 3：定义要镜像的草图图元。在系统 选择要镜像的实体 的提示下，在图形区框选要镜像的草图图元，如图 3.13（a）所示。

步骤 4：定义镜像中心线。首先在"镜像"对话框中单击激活"镜像轴"区域的文本框，然后在系统 选择镜像所绕的线条或线性模型边线或平面实体 的提示下，选取如图 3.13（a）所示的竖直中心线作为镜像中心线。

步骤 5：结束操作。单击"镜像"对话框中的 ✓ 按钮，完成镜像操作，效果如图 3.13（b）所示。

说明：由于图元镜像后的副本与源对象之间是一种对称的关系，因此在具体绘制对称的图形时，就可以采用先绘制一半，然后通过镜像复制的方式快速地得到另外一半，进而提高实际绘图效率。

3.3.7　图元的等距

图元的等距主要用来将所选择的源对象，沿着某个方向移动一定的距离，从而得到源对象的一个副本。下面以图 3.14 为例，介绍图元等距的一般操作过程。

步骤 1：打开文件 D:\SOLIDWORKS 认证考试\work\ch03.03\图元等距-ex.SLDPRT。

步骤 2：选择命令。单击 草图 功能选项卡中的 按钮，系统会弹出"等距实体"对话框。

步骤 3：定义要等距的草图图元。在系统 选择要等距的面、边线或草图曲线。的提示下，在图形区选取要等距的草图图元，如图 3.14（a）所示。

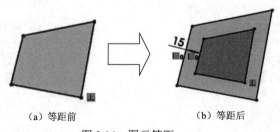

(a)等距前　　　　　　　　　　(b)等距后

图 3.14　图元等距

步骤 4：定义等距的距离。在"等距实体"对话框中的 文本框中输入数值 15。

步骤 5：定义等距的方向。在绘图区域中的图形外侧单击（在外侧单击就是等距到外侧，在内侧单击就是等距到内侧），系统会自动完成等距草图。

3.3.8 倒角

下面以图 3.15 为例，介绍倒角的一般操作过程。

步骤 1：打开文件 D:\SOLIDWORKS 认证考试\work\ch03.03\倒角-ex.SLDPRT。

步骤 2：选择命令。单击 草图 功能选项卡 ⌐ 后的 ▼ 按钮，选择 ⌐ 绘制倒角 命令，系统会弹出"绘制倒角"对话框。

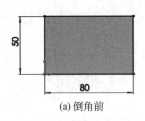
(a) 倒角前

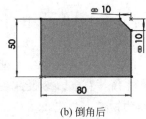
(b) 倒角后

图 3.15 倒角

步骤 3：定义倒角参数。在"绘制倒角"对话框的倒角参数区域中选中 ◉ 距离-距离(D) 与 ☑ 相等距离(E)，在 文本框中输入 10。

步骤 4：定义倒角对象。选取矩形的右上角点作为倒角对象（选取对象时还可以选取矩形的上方边线和右侧边线）。

步骤 5：结束操作。单击"绘制倒角"对话框中的 ✓ 按钮，完成倒角操作，效果如图 3.15（b）所示。

3.3.9 圆角

下面以图 3.16 为例，介绍圆角的一般操作过程。

步骤 1：打开文件 D:\SOLIDWORKS 认证考试\work\ch03.03\圆角-ex.SLDPRT。

步骤 2：选择命令。单击 草图 功能选项卡 ⌐ 后的 ▼ 按钮，选择 ⌐ 绘制圆角 命令，系统会弹出"绘制圆角"对话框。

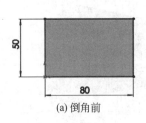
(a) 倒角前

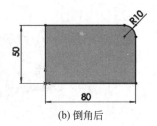
(b) 倒角后

图 3.16 圆角

步骤 3：定义圆角参数。在"绘制圆角"对话框"圆角参数"区域中的 文本框中输入圆角半径值 10。

步骤 4：定义圆角对象。选取矩形的右上角点作为圆角对象（选取对象时还可以选取矩形的上方边线和右侧边线）。

步骤 5：结束操作。单击"绘制圆角"对话框中的 ✓ 按钮，完成圆角操作，效果如图 3.16（b）所示。

3.3.10 图元的删除

删除草图图元的一般操作过程如下。

步骤 1：在图形区选中要删除的草图图元。

步骤 2：按键盘上的 Delete 键，所选图元即可被删除。

3.4 SOLIDWORKS 二维草图的几何约束

3.4.1 几何约束概述

根据实际设计的要求，一般情况下，当用户将草图的形状绘制出来之后，一般会根据实际要求增加一些约束（如平行、相切、相等和共线等）来帮助进行草图定位。我们把这些定义图元和图元之间几何关系的约束叫作草图几何约束。在 SOLIDWORKS 中可以很容易地添加这些约束。

3.4.2 几何约束的种类

在 SOLIDWORKS 中支持的几何约束类型包含重合 ⬚、水平 ⬚、竖直 ⬚、中点 ⬚、同心 ⬚、相切 ⬚、平行 ⬚、垂直 ⬚、相等 ⬚、全等 ⬚、共线 ⬚、合并 ⬚、对称 ⬚ 及固定 ⬚。

3.4.3 几何约束的显示与隐藏

在视图前导栏中单击 ⬚ 后的 ⬚，在系统弹出的下拉菜单中如果 ⬚ 按钮处于按下状态，则说明几何约束处于显示状态，如果 ⬚ 按钮处于弹起状态，则说明几何约束处于隐藏状态。

3.4.4 几何约束的自动添加

1. 基本设置

首先在快速访问工具栏中单击 ⬚ 按钮，系统会弹出"系统选项"对话框，然后单击"系统选项"对话框中的"系统选项"选项卡，在左侧的节点中选中草图下的 几何关系/捕捉 节点，选中 ☑激活捕捉(S) 与 ☑自动几何关系(U) 复选框，其他参数采用默认。

2. 一般操作过程

下面以绘制 1 条水平的直线为例，介绍自动添加几何约束的一般操作过程。

步骤 1：选择命令。单击 草图 功能选项卡 ⬚ 后的 ⬚ 按钮，选择 ⬚ 直线 命令。

步骤 2：在绘图区域中单击即可确定直线的第 1 个端点，水平移动鼠标，如果此时在鼠标的右下角可以看到 ━ 符号，就代表此线是一条水平线，此时单击鼠标就可以确定直线的第 2 个端点，完成直线的绘制。

步骤 3：如果在绘制完的直线的下方有 ━ 的几何约束符号就代表几何约束已经添加成功，如图 3.17 所示。

图 3.17 几何约束的自动添加框

3.4.5 几何约束的手动添加

在 SOLIDWORKS 中手动添加几何约束的方法：一般先选中要添加几何约束的对象（选取的对象如果只有一个，则可直接采用单击的方式选取，如果需要选取多个对象，则需要按住 Ctrl 键后进行选取），然后在左侧"属性"对话框的添加几何关系区域选择一个合适的几何约束。下面以添加一个合并和相切约束为例，介绍手动添加几何约束的一般操作过程。

步骤 1：打开文件 D:\SOLIDWORKS 认证考试\work\ch03.04\几何约束-ex.SLDPRT。

步骤 2：选择添加合并约束的图元。按住 Ctrl 键后选取直线的上端点和圆弧的右端点，如图 3.18 所示，系统会弹出"属性"对话框。

步骤 3：定义重合约束。首先在"属性"对话框的添加几何关系区域中单击 ✔ 合并(G) 按钮，然后单击 ✔ 按钮，完成合并约束的添加，如图 3.19 所示。

步骤 4：添加相切约束。按住 Ctrl 键后选取直线和圆弧，系统会弹出"属性"对话框；首先在"属性"对话框的添加几何关系区域中单击 ⟋ 相切(A) 按钮，然后单击 ✔ 按钮，完成相切约束的添加，如图 3.20 所示。

  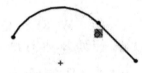

图 3.18 选取约束对象　　　　图 3.19 合并约束　　　　图 3.20 相切约束

3.4.6 几何约束的删除

在 SOLIDWORKS 中添加几何约束时，如果草图中有原本不需要的约束，则此时必须先把这些不需要的约束删除，然后来添加必要的约束，原因是对于一个草图来讲，需要的几何约束应该是明确的，如果草图中存在不需要的约束，则必然会导致有一些必要约束无法正常添加，因此我们就需要掌握约束删除的方法。下面以删除如图 3.21 所示的相切约束为例，介绍删除几何约束的一般操作过程。

步骤 1：打开文件 D:\SOLIDWORKS 认证考试\work\ch03.04\删除约束-ex.SLDPRT。

步骤 2：选择要删除的几何约束。在绘图区选中如图 3.21（a）所示的 ⟋ 符号。

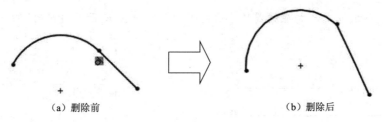

(a) 删除前　　　　　　　　　　　　(b) 删除后

图 3.21　删除约束

步骤 3：删除的几何约束。按键盘上的 Delete 键即可删除约束，或者在 符号上右击，选择"删除"命令。

步骤 4：操纵图形。将鼠标移动到直线与圆弧的连接处，按住鼠标左键拖动即可得到如图 3.21（b）所示的图形。

3.5　SOLIDWORKS 二维草图的尺寸约束

3.5.1　尺寸约束概述

尺寸约束也称标注尺寸，主要用来确定草图中几何图元的尺寸，例如长度、角度、半径和直径，它是一种以数值来确定草图图元精确大小的约束形式；一般情况下，绘制完草图的大概形状后，需要对图形进行尺寸定位，使尺寸满足实际要求。

3.5.2　尺寸的类型

在 SOLIDWORKS 中标注的尺寸主要分为两类：一类是从动尺寸；另一类是驱动尺寸。从动尺寸的特点主要有两个，一是不支持直接修改，二是如果强制修改了尺寸值，则尺寸所标注的对象不会发生变化。驱动尺寸的特点主要有两个，一是支持直接修改，二是当尺寸发生变化时，尺寸所标注的对象也会发生变化。

3.5.3　标注线段长度

步骤 1：打开文件 D:\SOLIDWORKS 认证考试\work\ch03.05\尺寸标注-ex.SLDPRT。

步骤 2：选择命令。单击 草图 功能选项卡智能尺寸 按钮，或者选择下拉菜单"工具"→"尺寸"→"智能尺寸"命令。

步骤 3：选择标注对象。在系统 选择一个或两个边线/顶点后再选择尺寸文字标注的位置。 的提示下，选取如图 3.22 所示的直线，系统会弹出"线条属性"对话框。

步骤 4：定义尺寸的放置位置。在直线上方的合适位置单击，完成尺寸的放置，按 Esc 键完成标注。

说明：在进行尺寸标注前，建议大家进行设置。单击快速访问工具栏中的 按钮，系统会弹出系统选项对话框，在系统选项选项卡下单击普通节点，取消选中 输入尺寸值 复选框;如果该选项被选中,则在放置尺寸后会弹出如图 3.23 所示的"修改"对话框。

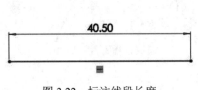

图 3.22 标注线段长度

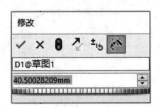

图 3.23 "修改"对话框

3.5.4 标注点线距离

步骤 1:选择命令。单击 草图 功能选项卡智能尺寸 按钮。

步骤 2:选择标注对象。在系统 选择一个或两个边线/顶点后再选择尺寸文字标注的位置. 的提示下,选取如图 3.24 所示的端点与直线,系统会弹出"线条属性"对话框。

步骤 3:定义尺寸的放置位置。水平向右移动鼠标并在合适位置单击,完成尺寸的放置,按 Esc 键完成标注。

3.5.5 标注两点距离

步骤 1:选择命令。单击 草图 功能选项卡智能尺寸 按钮。

步骤 2:选择标注对象。在系统 选择一个或两个边线/顶点后再选择尺寸文字标注的位置. 的提示下,选取如图 3.25 所示的两个端点,系统会弹出"点"对话框。

步骤 3:定义尺寸的放置位置。水平向右移动鼠标并在合适的位置单击,完成尺寸的放置,按 Esc 键完成标注。

说明:在放置尺寸时,鼠标移动方向不同所标注的尺寸也不同。

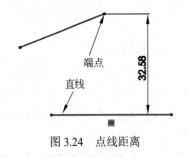

图 3.24 点线距离   图 3.25 两点距离

3.5.6 标注两平行线间的距离

步骤 1:选择命令。单击 草图 功能选项卡智能尺寸 按钮。

步骤 2:选择标注对象。在系统 选择一个或两个边线/顶点后再选择尺寸文字标注的位置. 的提示下,选取如图 3.26 所示的两条直线,系统会弹出"线条属性"对话框。

步骤3:定义尺寸的放置位置。在两直线中间的合适位置单击,完成尺寸的放置,按 Esc 键完成标注。

3.5.7 标注直径

步骤1:选择命令。单击 草图 功能选项卡智能尺寸 按钮。

步骤2:选择标注对象。在系统 选择一个或两个边线/顶点后再选择尺寸文字标注的位置. 的提示下,选取如图 3.27 所示的圆,系统会弹出"圆"对话框。

步骤3:定义尺寸的放置位置。在圆的左上方的合适位置单击,完成尺寸的放置,按 Esc 键完成标注。

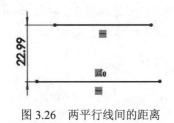

图 3.26 两平行线间的距离

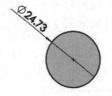

图 3.27 直径

3.5.8 标注半径

步骤1:选择命令。单击 草图 功能选项卡智能尺寸 按钮。

步骤2:选择标注对象。在系统 选择一个或两个边线/顶点后再选择尺寸文字标注的位置. 的提示下,选取如图 3.28 所示的圆弧,系统会弹出"线条属性"对话框。

步骤3:定义尺寸的放置位置。在圆弧上方的合适位置单击,完成尺寸的放置,按 Esc 键完成标注。

3.5.9 标注角度

步骤1:选择命令。单击 草图 功能选项卡智能尺寸 按钮。

步骤2:选择标注对象。在系统 选择一个或两个边线/顶点后再选择尺寸文字标注的位置. 的提示下,选取如图 3.29 所示的两条直线,系统会弹出"线条属性"对话框。

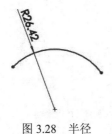

图 3.28 半径

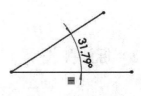

图 3.29 角度

步骤 3：定义尺寸的放置位置。在两直线之间的合适位置单击，完成尺寸的放置，按 Esc 键完成标注。

3.5.10 标注两圆弧间的最大和最小距离

步骤 1：选择命令。单击 草图 功能选项卡智能尺寸 按钮。

步骤 2：选择标注对象。在系统 选择一个或两个边线/顶点后再选择尺寸文字标注的位置。 的提示下，按住 Shift 键，在靠近左侧的位置选取圆 1，按住 Shift 键，在靠近右侧的位置选取圆 2。

步骤 3：定义尺寸的放置位置。在圆的上方的合适位置单击，完成最大尺寸的放置，按 Esc 键完成标注，如图 3.30 所示。

说明：在选取对象时，如果按住 Shift 键在靠近右侧的位置选取圆 1，按住 Shift 键在靠近左侧的位置选取圆 2 放置尺寸，则此时将得到如图 3.31 所示的最小尺寸。

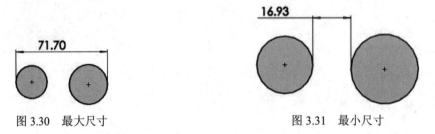

图 3.30　最大尺寸　　　　　　　　图 3.31　最小尺寸

3.5.11 标注对称尺寸

步骤 1：选择命令。单击 草图 功能选项卡智能尺寸 按钮。

步骤 2：选择标注对象。在系统 选择一个或两个边线/顶点后再选择尺寸文字标注的位置。 的提示下，选取如图 3.32 所示的直线的上端点与中心线。

步骤 3：定义尺寸的放置位置。在中心线右侧的合适位置单击，完成尺寸的放置，按 Esc 键完成标注。

图 3.32　对称尺寸

3.5.12 标注弧长

步骤 1：选择命令。单击 草图 功能选项卡智能尺寸 按钮。

步骤 2：选择标注对象。在系统 选择一个或两个边线/顶点后再选择尺寸文字标注的位置。 的提示下，选取如图 3.33 所示的圆弧的两个端点及圆弧。

步骤 3：定义尺寸的放置位置。在圆弧上方的合适位置单击，完成尺寸的放置，按 Esc 键完成标注。

图 3.33　弧长

3.5.13　修改尺寸

步骤 1：打开文件 D:\SOLIDWORKS 认证考试\work\ch03.05\尺寸修改-ex.SLDPRT。

步骤 2：在要修改的尺寸（例如尺寸 53.90）上双击，系统会弹出"尺寸"对话框和"修改"对话框。

步骤 3：首先在"修改"对话框中输入数值 60，然后单击"修改"对话框中的 ✔ 按钮，再单击"尺寸"对话框中的 ✔ 按钮，完成尺寸的修改。

步骤 4：重复步骤 2 和步骤 3，修改角度尺寸，最终结果如图 3.34（b）所示。

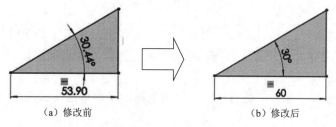

图 3.34　修改尺寸

3.5.14　删除尺寸

删除尺寸的一般操作步骤如下。

步骤 1：选中要删除的尺寸（单个尺寸可以单击选取，多个尺寸可以按住 Ctrl 键选取）。

步骤 2：按键盘上的 Delete 键，或者在选中的尺寸上右击，在弹出的快捷菜单中选择 ✘ 删除(D) 命令，选中的尺寸就可被删除。

3.5.15　修改尺寸精度

读者可以使用"系统选项"对话框来控制尺寸的默认精度。

步骤 1：选择快速访问工具栏中的 命令，系统会弹出"系统选项"对话框。

步骤 2：首先在"系统选项"对话框中单击"文档属性"选项卡，然后选中"尺寸"节点。

步骤 3：定义尺寸精度。在"文档属性-尺寸"对话框中的"主要精度"区域的 下拉列表中设置尺寸值的小数位数。

步骤 4：单击"确定"按钮，完成小数位的设置。

3.6 SOLIDWORKS 二维草图的全约束

3.6.1 基本概述

我们都知道在设计完成某个产品之后,这个产品中的每个模型的每个结构的大小与位置都应该已经完全确定,因此为了能够使所创建的特征满足产品的要求,有必要把所绘制的草图的大小、形状与位置都约束好,这种都约束好的状态就称为全约束。

3.6.2 如何检查是否是全约束

检查草图是否是全约束的方法主要有以下几种:

(1) 观察草图的颜色,在默认情况下黑色的草图代表全约束,蓝色的草图代表欠约束,红色的草图代表过约束。

说明:用户可以在"系统选项"对话框中对各种不同状态下的草图颜色进行控制。

(2) 鼠标拖动图元,如果所有图元不能拖动,则代表全约束,如果有的图元可以拖动,则代表欠约束。

(3) 查看状态栏信息,在状态栏软件会明确提示当前草图是欠定义、完全定义还是过定义,如图 3.35 所示。

图 3.35 状态栏信息

(4) 查看设计树中的特殊符号(如果设计树草图节点前有 (-),则代表是欠约束,如果设计树草图前没有任何符号,则代表全约束)。

说明:在参加考试创建模型时,一定要确定草图处于全约束状态,这样出来的测量数据才是准确的。

3.7 SOLIDWORKS 认证考试实战练习

3.7.1 案例1(常规法)

常规法绘制二维草图主要针对一些外形不是很复杂或者比较容易进行控制的图形。在使用常规法绘制二维图形时,一般会经历以下几个步骤:

(1) 分析将要创建的截面几何图形。
(2) 绘制截面几何图形的大概轮廓。
(3) 初步编辑图形。
(4) 处理相关的几何约束。

(5)标注并修改尺寸。

接下来就以绘制如图 3.36 所示的图形为例,向大家进行具体介绍,即在每步中具体的工作有哪些。

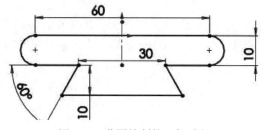

图 3.36　草图绘制的一般过程

步骤 1:分析将要创建的截面几何图形。

(1)分析所绘制图形的类型(开放、封闭或者多重封闭),此图形是一个封闭的图形。

(2)分析此封闭图形的图元组成,此图形是由 6 段直线和 2 段圆弧组成的。

(3)分析所包含的图元中有没有可以编辑的一些对象(总结草图编辑中可以创建新对象的工具:镜像实体、等距实体、倒角、圆角、复制实体、阵列实体等),在此图形中由于是整体对称的图形,因此可以考虑使用镜像的方式实现,此时只需绘制 4 段直线和 1 段圆弧。

(4)分析图形包含哪些几何约束,在此图形中包含直线的水平约束、直线与圆弧的相切、对称及原点与水平直线的中点约束。

分析图形包含哪些尺寸约束,此图形包含 5 个尺寸。

步骤 2:绘制截面几何图形的大概轮廓。新建模型文件进入建模环境;单击 草图 功能选项卡中的草图绘制 [草图绘制] 按钮,选取前视基准面作为草图平面进入草图环境;单击 草图 功能选项卡 [／] 后的 ▼ 按钮,选择 [／ 直线] 命令,绘制如图 3.37 所示的大概轮廓。

注意:在绘制图形中的第 1 个图元时,应尽可能使绘制的图元大小与实际一致,否则会导致后期修改尺寸非常麻烦。

步骤 3:初步编辑图形。通过图元操纵的方式调整图形的形状及整体位置,如图 3.38 所示。

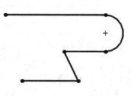
图 3.37　绘制大概轮廓

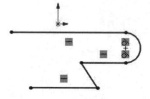
图 3.38　初步编辑图形

注意:在初步编辑图形时,暂时先不去进行镜像、等距、复制等创建类的编辑操作。

步骤 4:处理相关的几何约束。

首先需要检查所绘制的图形中有没有无用的几何约束,如果有无用的几何约束就需要及时删除，判断是否需要的依据就是第 1 步分析时所分析到的约束就是需要的。

添加必要约束；添加中点约束，按住 Ctrl 键后选取原点和最上方的水平直线，在添加几何关系中单击 /中点(M) ，完成后如图 3.39 所示。

添加对称约束；单击 草图 功能选项卡 / · 后的 · 按钮，选择 /中心线(N) 命令，绘制 1 条通过原点的无限长度的中心线，如图 3.40 所示，按住 Ctrl 键后选取最下方水平直线的两个端点和中心线，在添加几何关系中单击 对称(S) ，完成后如图 3.41 所示。

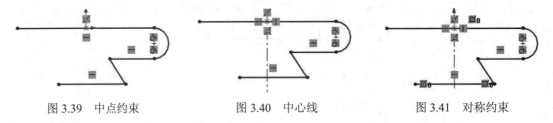

图 3.39　中点约束　　　　　图 3.40　中心线　　　　　图 3.41　对称约束

步骤 5：标注并修改尺寸。

单击 草图 功能选项卡智能尺寸 按钮，标注如图 3.42 所示的尺寸。

检查草图的全约束状态。

注意：如果草图是全约束的就代表添加的约束是没问题的，如果此时草图并没有全约束，则需要检查尺寸有没有标注完整，如果尺寸没问题，就说明草图中缺少必要的几何约束，需要通过操纵的方式检查缺少哪些几何约束，直到全约束。

修改尺寸值的最终值；双击尺寸值 22.8，在系统弹出的"修改"文本框中输入 30，单击两次 ✓ 按钮完成修改；采用相同的方法修改其他尺寸，修改后的效果如图 3.43 所示。

注意：一般情况下，如果绘制的图形比我们实际想要的图形大，则建议大家先修改小一些的尺寸，如果绘制的图形比实际想要的图形小，则建议大家先修改大一些的尺寸。

步骤 6：镜像复制。单击 草图 功能选项卡中的 镜像实体 按钮，系统会弹出"镜像"对话框，选取如图 3.44 所示的一个圆弧与两段直线作为镜像的源对象，在"镜像"对话框中通过单击激活镜像点区域的文本框，选取竖直中心线作为镜像中心线，单击 ✓ 按钮，完成镜像操作，效果如图 3.36 所示。

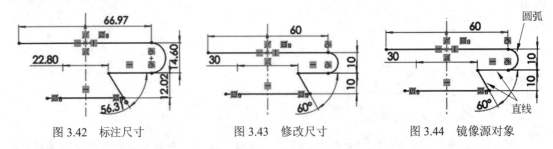

图 3.42　标注尺寸　　　　　图 3.43　修改尺寸　　　　　图 3.44　镜像源对象

步骤 7：退出草图环境。在草图设计环境中单击图形右上角的"退出草图"按钮 退出草图环境。

步骤 8：保存文件。选择"快速访问工具栏"中的"保存"命令，系统会弹出"另存为"

对话框,在文件名文本框中输入"常规法",单击"保存"按钮,完成保存操作。

3.7.2 案例2(逐步法)

11min

逐步法绘制二维草图主要针对一些外形比较复杂或者不容易进行控制的图形。接下来就以绘制如图 3.45 所示的图形为例,向大家进行具体介绍,使用逐步法绘制二维图形的一般操作过程。

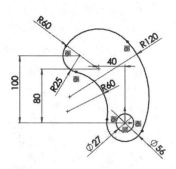

图 3.45 逐步法

步骤 1:新建文件。启动 SOLIDWORKS 软件,选择"快速访问工具栏"中的 命令,系统会弹出"新建 SOLIDWORKS 文件"对话框;在"新建 SOLIDWORKS 文件"对话框中选择"零件" ,然后单击"确定"按钮进入零件建模环境。

步骤 2:新建草图。单击 草图 功能选项卡中的草图绘制 草图绘制 按钮,在系统的提示下,选取"前视基准面"作为草图平面,进入草图环境。

步骤 3:绘制圆 1。单击 草图 功能选项卡 后的 按钮,选择 圆(R) 命令,系统会弹出"圆"对话框,在坐标原点位置单击,即可确定圆的圆心,在图形区的任意位置再次单击,即可确定圆的圆上点,此时系统会自动在两个点间绘制一个圆;单击 草图 功能选项卡智能尺寸 按钮,选取圆对象,然后在合适的位置放置尺寸,按 Esc 键完成标注;双击标注的尺寸,在系统弹出的"修改"文本框中输入 27,单击两次 按钮完成修改,如图 3.46 所示。

步骤 4:绘制圆 2。参照步骤 3 绘制圆 2,完成后如图 3.47 所示。

步骤 5:绘制圆 3。单击 草图 功能选项卡 后的 按钮,选择 圆(R) 命令,系统会弹出"圆"对话框,在相对原点左上方的合适位置单击,即可确定圆的圆心,在图形区的任意位置再次单击,即可确定圆的圆上点,此时系统会自动在两个点间绘制一个圆;单击 草图 功能选项卡智能尺寸 按钮,选取绘制的圆对象,然后在合适的位置放置尺寸,将尺寸类型修改为半径,然后标注圆心与原点之间的水平与竖直间距,按 Esc 键完成标注;依次双击标注的尺寸,分别将半径尺寸修改为 60,将水平间距修改为 40,将竖直间距修改为 80,单击两次 按钮完成修改,如图 3.48 所示。

说明:选中标注的直径尺寸,在左侧对话框中选中引线节点,然后在 尺寸界线/引线显示(W)

区域中选中半径 ⦿，此时就可将直径尺寸修改为半径。

步骤 6：绘制圆弧 1。单击 草图 功能选项卡 ⌒ 后的 ▼ 按钮，选择 ⌒ 3点圆弧(T) 命令，系统会弹出"圆弧"对话框，在半径为 60 的圆上的合适位置单击，即可确定圆弧的起点，在直径为 56 的圆上的合适位置再次单击，即可确定圆弧的终点，在直径为 56 的圆的右上角的合适位置再次单击，即可确定圆弧的通过点，此时系统会自动在 3 个点间绘制一个圆弧；按住 Ctrl 键后选取圆弧与半径为 60 的圆，在"属性"对话框的添加几何关系区域中单击 ⊘ 相切(A) 按钮，按 Esc 键完成相切约束的添加，按住 Ctrl 键后选取圆弧与直径为 56 的圆，在"属性"对话框的添加几何关系区域中单击 ⊘ 相切(A) 按钮，按 Esc 键完成相切约束的添加，单击 草图 功能选项卡智能尺寸 ⟲ 按钮，选取绘制的圆弧对象，然后在合适的位置放置尺寸，双击标注的尺寸，在系统弹出的"修改"文本框中输入 120，单击两次 ✓ 按钮完成修改，如图 3.49 所示。

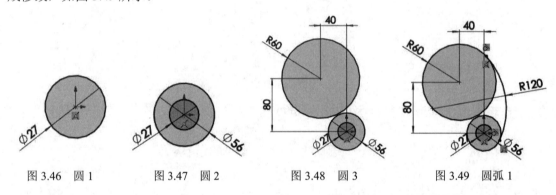

图 3.46 圆 1　　图 3.47 圆 2　　图 3.48 圆 3　　图 3.49 圆弧 1

步骤 7：绘制圆 4。单击 草图 功能选项卡 ⊙ 后的 ▼ 按钮，选择 ⊙ 圆(R) 命令，系统会弹出"圆"对话框，在相对原点左上方的合适位置再次单击，即可确定圆的圆心，在图形区的合适位置再次单击，即可确定圆的圆上点，此时系统会自动在两个点间绘制一个圆；单击 草图 功能选项卡智能尺寸 ⟲ 按钮，选取绘制的圆对象，然后在合适的位置放置尺寸，将尺寸类型修改为半径，然后标注圆心与原点之间的竖直间距，按 Esc 键完成标注；按 Ctrl 键选取圆弧与半径为 60 的圆，在"属性"对话框的添加几何关系区域中单击 ⊘ 相切(A) 按钮，按 Esc 键完成相切约束的添加，依次双击标注的尺寸，分别将半径尺寸修改为 25，将竖直间距修改为 100，单击两次 ✓ 按钮完成修改，如图 3.50 所示。

步骤 8：绘制圆弧 2。单击 草图 功能选项卡 ⌒ 后的 ▼ 按钮，选择 ⌒ 3点圆弧(T) 命令，系统会弹出"圆弧"对话框，在半径为 25 的圆上的合适位置单击，即可确定圆弧的起点，在直径为 56 的圆上的合适位置再次单击，即可确定圆弧的终点，在直径为 56 的圆的左上角的合适位置再次单击，即可确定圆弧的通过点，此时系统会自动在 3 个点间绘制一个圆弧；按住 Ctrl 键后选取圆弧与半径为 25 的圆，在"属性"对话框的添加几何关系区域中单击 ⊘ 相切(A) 按钮，按 Esc 键完成相切约束的添加，按住 Ctrl 键后选取圆弧与直径为 56 的圆，在"属性"对话框的添加几何关系区域中单击 ⊘ 相切(A) 按钮，按 Esc 键完成相切约束的添加，单击 草图 功能选项卡智能尺寸 ⟲ 按钮，选取绘制的圆弧对象，然后在合适的位置放置尺寸，双击标注的尺寸，在系统弹出的"修改"文本框中输入 60，单击两次 ✓ 按钮完成修改，如图 3.51 所示。

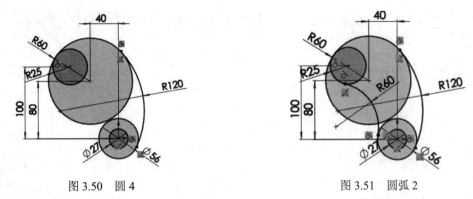

图 3.50　圆 4　　　　　　　　　图 3.51　圆弧 2

步骤 9：剪裁图元。单击 草图 功能选项卡 [剪裁实体] 下的 [▼] 按钮，选择 [剪裁实体] 命令，系统会弹出剪裁对话框，在剪裁对话框的区域中选中 [⼀]，在系统 [选择—实体或拖动光标] 的提示下，在需要修剪的图元上按住鼠标左键拖动，此时与该轨迹相交的草图图元将被修剪，结果如图 3.45 所示。

步骤 10：退出草图环境。在草图设计环境中单击图形右上角的"退出草图"按钮 [⇪] 退出草图环境。

步骤 11：保存文件。选择"快速访问工具栏"中的"保存"命令，系统会弹出"另存为"对话框，在文件名文本框中输入"逐步法"，单击"保存"按钮，完成保存操作。

第 4 章 SOLIDWORKS 零件设计

4.1 拉伸特征

4.1.1 基本概述

拉伸特征是指将一个截面轮廓沿着草绘平面的垂直方向进行伸展而得到的一种实体。通过对概念的学习，我们应该可以总结得到，拉伸特征的创建需要有两大要素：一是截面轮廓，二是草绘平面，并且对于这两大要素来讲，一般情况下截面轮廓是绘制在草绘平面上的，因此，一般在创建拉伸特征时需要先确定草绘平面，然后考虑要在这个草绘平面上绘制一个什么样的截面轮廓草图。

4.1.2 拉伸凸台特征的一般操作过程

一般情况下在使用拉伸特征创建特征结构时会经过以下几步：①执行命令；②选择合适的草绘平面；③定义截面轮廓；④设置拉伸的开始位置；⑤设置拉伸的终止位置；⑥设置其他的拉伸特殊选项；⑦完成操作。接下来就以创建如图 4.1 所示的模型为例，介绍拉伸凸台特征的一般操作过程。

步骤 1：新建文件。选择"快速访问工具栏"中的 命令，或者选择下拉菜单"文件"→"新建"命令，系统会弹出"新建 SOLIDWORKS 文件"对话框；在"新建 SOLIDWORKS 文件"对话框中选择"零件" ，然后单击"确定"按钮进入零件建模环境。

步骤 2：执行命令。单击 特征 功能选项卡中的拉伸凸台基体 按钮，或者选择下拉菜单"插入"→"凸台/基体"→"拉伸"命令。

步骤 3：绘制截面轮廓。在系统"选择一基准面来绘制特征横截面"的提示下，选取"前视基准面"作为草图平面，进入草图环境，绘制如图 4.2 所示的草图（具体操作可参考 3.7.1 节中的相关内容），绘制完成后单击图形区右上角的 按钮退出草图环境。

步骤 4：定义拉伸的开始位置。退出草图环境后，系统会弹出"凸台-拉伸"对话框，在 从(F) 区域的下拉列表中选择 草图基准面 。

步骤 5：定义拉伸的深度方向。采用系统默认的方向。

第4章　SOLIDWORKS零件设计　45

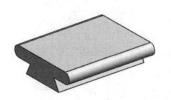

图 4.1　凸台-拉伸

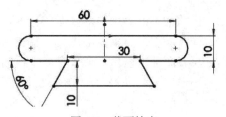

图 4.2　截面轮廓

步骤 6：定义拉伸的深度类型及参数。在"凸台-拉伸"对话框 方向1(1) 区域的下拉列表中选择 给定深度 选项，在 文本框中输入深度值 80。

步骤 7：完成凸台-拉伸。单击"凸台-拉伸"对话框中的 ✓ 按钮，完成特征的创建。

4.1.3　拉伸切除特征的一般操作过程

拉伸切除与拉伸凸台的创建方法基本一致，只不过拉伸凸台用于添加材料，拉伸切除用于减去材料，下面以创建如图 4.3 所示的拉伸切除为例，介绍拉伸切除的一般操作过程。

步骤 1：打开文件 D:\SOLIDWORKS 认证考试\work\ch04.01\拉伸切除-ex.SLDPRT。

步骤 2：选择命令。单击 特征 功能选项卡中的拉伸切除 按钮，或者选择下拉菜单"插入"→"切除"→"拉伸"命令，在系统的提示下，选取模型上表面作为草图平面，进入草图环境。

步骤 3：绘制截面轮廓。绘制如图 4.4 所示的草图，绘制完成后单击图形区右上角的 按钮退出草图环境。

步骤 4：定义拉伸的开始位置。在 从(F) 区域的下拉列表中选择 草图基准面 。

步骤 5：定义拉伸的深度方向。采用系统默认的方向。

步骤 6：定义拉伸的深度类型及参数。在"切除-拉伸"对话框 方向1(1) 区域的下拉列表中选择 完全贯穿 选项。

步骤 7：完成拉伸切除。单击"切除-拉伸"对话框中的 ✓ 按钮，完成特征的创建。

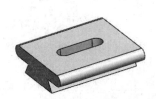

图 4.3　拉伸切除

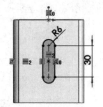

图 4.4　截面轮廓

4.1.4　拉伸特征的截面轮廓要求

在绘制拉伸特征的横截面时，需要满足以下要求：

（1）横截面需要闭合，不允许有缺口，如图 4.5（a）所示（拉伸切除除外）。

（2）横截面不能有探出的多余的图元，如图 4.5（b）所示。

（3）横截面不能有重复的图元，如图 4.5（c）所示。

（4）横截面可以包含一个或者多个封闭截面，在生成特征时，外环生成实体，内环生成孔，环与环之间不可以相切，如图 4.5（d）所示，环与环之间也不能有直线或者圆弧相连，如图 4.5（e）所示。

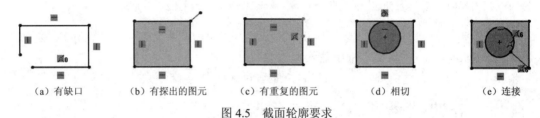

(a) 有缺口　　　(b) 有探出的图元　　　(c) 有重复的图元　　　(d) 相切　　　(e) 连接

图 4.5　截面轮廓要求

4.1.5　拉伸深度的控制选项

"凸台-拉伸"对话框 方向1(1) 区域的深度类型下拉列表各选项的说明如下。

（1）给定深度 选项：表示通过给定一个深度值来确定拉伸的终止位置，当选择此选项时，特征将从草绘平面开始，按照我们给定的深度，沿着特征创建的方向进行拉伸，如图 4.6 所示。

（2）成形到一顶点 选项：表示特征将在拉伸方向上拉伸到与指定的点所在的平面（此面与草绘平面平行并且与所选点重合）重合，如图 4.7 所示。

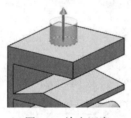
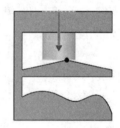

图 4.6　给定深度　　　　　　　　　图 4.7　成形到一顶点

（3）成形到一面 选项：表示特征将拉伸到用户所指定的面（模型平面表面、基准面或者模型曲面表面均可）上，如图 4.8 所示。

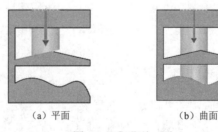

(a) 平面　　　　　　　　(b) 曲面

图 4.8　成形到一面

（4） 到离指定面指定的距离 选项：表示特征将拉伸到与所选定的面（模型平面表面、基准面或者模型曲面表面均可）有一定间距的面上，如图4.9所示。

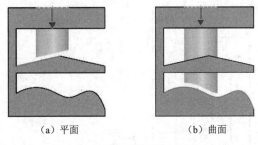

（a）平面　　　　　　　（b）曲面

图4.9　到离指定面指定的距离

（5） 成形到实体 选项：表示特征将拉伸到用户所选定的实体上，如图4.10所示。

（6） 两侧对称 选项：表示特征将沿草绘平面正垂直方向与负垂直方向同时伸展，并且伸展的距离是相同的，如图4.11所示。

（7） 完全贯穿 选项：表示将特征从草绘平面开始拉伸到所沿方向上的最后一个面上，此选项通常可以帮助我们创建一些通孔，如图4.12所示。

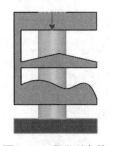 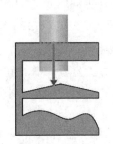 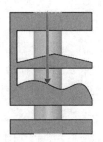

图4.10　成形到实体　　　　图4.11　两侧对称　　　　图4.12　完全贯穿

4.2　旋转特征

7min

4.2.1　基本概述

旋转特征是指将一个截面轮廓绕着我们给定的中心轴旋转一定的角度而得到的实体效果。通过对概念的学习，我们应该可以总结得到，旋转特征的创建需要有两大要素：一是截面轮廓，二是中心轴，并且两个要素缺一不可。

4.2.2　旋转凸台特征的一般操作过程

一般情况下在使用旋转凸台特征创建特征结构时会经过以下几步：①执行命令；②选择合适的草绘平面；③定义截面轮廓；④设置旋转中心轴；⑤设置旋转的截面轮廓；⑥设置旋

转的方向及旋转角度；⑦完成操作。接下来就以创建如图 4.13 所示的模型为例，介绍旋转凸台特征的一般操作过程。

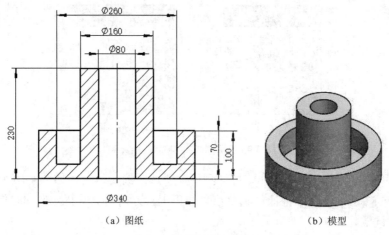

(a) 图纸　　　　　　(b) 模型

图 4.13　旋转凸台特征

步骤 1：新建文件。选择"快速访问工具栏"中的 命令，系统会弹出"新建 SOLIDWORKS 文件"对话框；在"新建 SOLIDWORKS 文件"对话框中选择"零件" ，然后单击"确定"按钮进入零件建模环境。

步骤 2：执行命令。单击 特征 功能选项卡中的旋转凸台基体 按钮，或者选择下拉菜单"插入"→"凸台/基体"→"旋转"命令。

步骤 3：绘制截面轮廓。在系统"选择一基准面来绘制特征横截面"的提示下，选取"前视基准面"作为草图平面，进入草图环境，绘制如图 4.14 所示的草图，绘制完成后单击图形区右上角的 按钮退出草图环境。

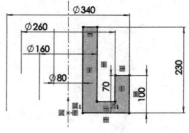

图 4.14　截面轮廓

注意：旋转特征的截面轮廓要求与拉伸特征的截面轮廓基本一致：截面需要尽可能封闭；不允许有多余及重复的图元；当有多个封闭截面时，环与环之间不可相切，环与环之间也不能有直线或者圆弧相连。

步骤 4：定义旋转轴。在"旋转"对话框的 旋转轴(A) 区域中系统会自动选取如图 4.14 所示的竖直中心线作为旋转轴。

注意：

（1）当截面轮廓中只有一条中心线时系统会自动选取此中心线作为旋转轴来使用；如果截面轮廓中含有多条中心线，则此时将需要用户自己手动选择旋转轴；如果截面轮廓中没有中心线，则此时也需要用户手动选择旋转轴；当手动选取旋转轴时，既可以选取中心线，也可以选取普通轮廓线。

（2）旋转轴的一般要求：要让截面轮廓位于旋转轴的一侧。

步骤 5：定义旋转方向与角度。采用系统默认的旋转方向，在"旋转"对话框的 方向1(1) 区域的下拉列表中选择 给定深度，在 文本框中输入旋转角度 360。

步骤 6：完成旋转凸台。单击"旋转"对话框中的 ✓ 按钮，完成特征的创建。

4.3 倒角特征

3min

4.3.1 基本概述

倒角特征是指在我们选定的边线处通过裁掉或者添加一块平直剖面的材料，从而在共有该边线的两个原始曲面之间创建一个斜角曲面。

倒角特征的作用：①提高模型的安全等级；②提高模型的美观程度；③方便装配。

4.3.2 倒角特征的一般操作过程

下面以如图 4.15 所示的简单模型为例，介绍创建倒角特征的一般过程。

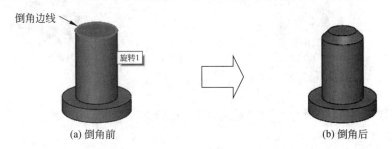

图 4.15　倒角特征

步骤 1：打开文件 D:\SOLIDWORKS 认证考试\work\ch04.03\倒角-ex.SLDPRT。

步骤 2：选择命令。单击 特征 功能选项卡 下的 按钮，选择 倒角 命令，系统会弹出"倒角"对话框。

步骤 3：定义倒角类型。在"倒角"对话框中选择 角度距离(A) 单选项。

步骤 4：定义倒角对象。在系统的提示下选取如图 4.15（a）所示的边线作为倒角对象。

步骤 5：定义倒角参数。在"倒角"对话框的 倒角参数 区域中的 文本框中输入倒角距离值 5，在 文本框中输入倒角角度值 45。

步骤 6：完成操作。在"倒角"对话框中单击 ✓ 按钮，完成倒角的定义，如图 4.15（b）所示。

4.4 圆角特征

4.4.1 基本概述

圆角特征是指在我们选定的边线处通过裁掉或者添加一块圆弧剖面的材料,从而在共有该边线的两个原始曲面之间创建一个圆弧曲面。

圆角特征的作用:①提高模型的安全等级;②提高模型的美观程度;③方便装配;④消除应力集中。

4.4.2 恒定半径圆角

恒定半径圆角是指在所选边线的任意位置半径值都是恒定相等的。下面以如图 4.16 所示的模型为例,介绍创建恒定半径圆角特征的一般过程。

步骤 1:打开文件 D:\SOLIDWORKS 认证考试\work\ch04.04\圆角-ex.SLDPRT。

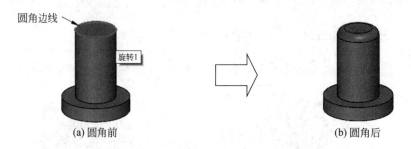

图 4.16 恒定半径圆角

步骤 2:选择命令。单击 特征 功能选项卡 下的 按钮,选择 圆角 命令,系统会弹出"圆角"对话框。

步骤 3:定义圆角类型。在"圆角"对话框中选择"恒定大小圆角" 单选项。

步骤 4:定义圆角对象。在系统的提示下选取如图 4.16(a)所示的边线作为圆角对象。

步骤 5:定义圆角参数。在"圆角"对话框中 圆角参数 区域中的 文本框中输入圆角半径值 5。

步骤 6:完成操作。在"圆角"对话框中单击 按钮,完成圆角的定义,如图 4.16(b)所示。

4.4.3 变半径圆角

变半径圆角是指在所选边线的不同位置具有不同的圆角半径值。下面以如图 4.17 所示的模型为例,介绍创建变半径圆角特征的一般过程。

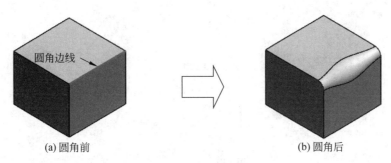

图 4.17 变半径圆角

步骤 1：打开文件 D:\SOLIDWORKS 认证考试\work\ch04.07\变半径-ex.SLDPRT。

步骤 2：选择命令。单击 特征 功能选项卡 下的 按钮，选择 圆角 命令，系统会弹出"圆角"对话框。

步骤 3：定义圆角类型。在"圆角"对话框中选择"变量大小圆角" 单选项。

步骤 4：定义圆角对象。在系统的提示下选取如图 4.17（a）所示的边线作为圆角对象。

步骤 5：定义圆角参数。在"圆角"对话框的 变半径参数(P) 区域的 文本框中输入 1；在 列表中选中 v1（v1 是指边线起点位置），然后在 文本框中输入半径值 5；在 列表中选中 v2（v2 是指边线终点位置），然后在 文本框中输入半径值 5；在图形区选取如图 4.18 所示的点 1（此时点 1 将被自动添加到 列表），在 列表中选中 P1，在 文本框中输入半径值 10。

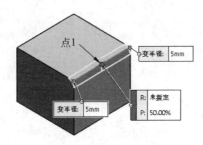

图 4.18 变半径参数

步骤 6：完成操作。在"圆角"对话框中单击 按钮，完成圆角的定义，如图 4.17（b）所示。

4.4.4 面圆角

面圆角是指在面与面之间进行倒圆角。下面以如图 4.19 所示的模型为例，介绍创建面圆角特征的一般过程。

步骤 1：打开文件 D:\SOLIDWORKS 认证考试\work\ch04.07\面圆角-ex.SLDPRT。

步骤 2：选择命令。单击 特征 功能选项卡 下的 按钮，选择 圆角 命令，系统会弹出"圆角"对话框。

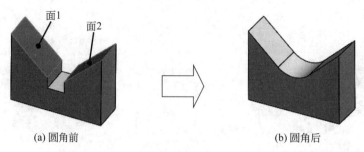

图 4.19 面圆角

步骤 3：定义圆角类型。在"圆角"对话框中选择"面圆角" 单选项。

步骤 4：定义圆角对象。在"圆角"对话框中激活"面组 1"区域，选取如图 4.19（a）所示的面 1，然后激活"面组 2"区域，选取如图 4.19（a）所示的面 2。

步骤 5：定义圆角参数。在 圆角参数 区域中的 文本框中输入圆角半径值 20。

步骤 6：完成操作。在"圆角"对话框中单击 按钮，完成圆角的定义，如图 4.19（b）所示。

说明：对于两个不相交的曲面来讲，在给定圆角半径值时，一般会有一个合理的范围，只有给定的值在合理范围内才可以正确创建，范围值的确定方法可参考图 4.20。

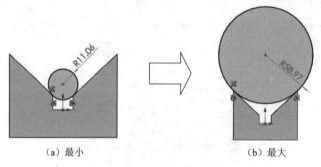

图 4.20 半径范围

4.4.5 完全圆角

完全圆角是指在 3 个相邻的面之间进行倒圆角。下面以如图 4.21 所示的模型为例，介绍创建完全圆角特征的一般过程。

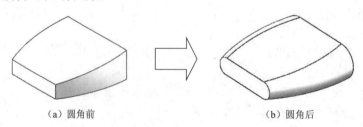

图 4.21 完全圆角

步骤 1：打开文件 D:\SOLIDWORKS 认证考试\work\ch04.07\完全圆角-ex.SLDPRT。

步骤 2：选择命令。单击 特征 功能选项卡 下的 按钮，选择 圆角 命令，系统会弹出"圆角"对话框。

步骤 3：定义圆角类型。在"圆角"对话框中选择"完全圆角" 单选项。

步骤 4：定义圆角对象。在"圆角"对话框中激活"面组 1"区域，选取如图 4.22 所示的边侧面组 1；激活"中央面组"区域，选取如图 4.22 所示的中央面组；激活"面组 2"区域，选取如图 4.22 所示的边侧面组 2。

说明：边侧面组 2 与边侧面组 1 是两个相对的面。

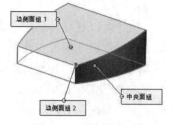

图 4.22　定义圆角对象

步骤 5：参考步骤 4 再次创建另外一侧的完全圆角。

步骤 6：完成操作。在"圆角"对话框中单击 ✓ 按钮，完成圆角的定义，如图 4.21（b）所示。

4.4.6　倒圆的顺序要求

在创建圆角时，一般需要遵循以下几点规则和顺序：

（1）先创建竖直方向的圆角，再创建水平方向的圆角。

（2）如果要生成具有多个圆角边线及拔模面的铸模模型，在大多数情况下，则应先创建拔模特征，再进行圆角的创建。

（3）一般我们将模型的主体结构创建完成后再尝试创建修饰作用的圆角，因为创建圆角越早，在重建模型时花费的时间就越长。

（4）当有多个圆角汇聚于一点时，先生成较大半径的圆角，再生成较小半径的圆角。

（5）为加快零件建模的速度，可以使用单一圆角操作来处理相同半径圆角的多条边线。

4.5　SOLIDWORKS 的设计树

4.5.1　基本概述

SOLIDWORKS 的设计树一般出现在对话框的左侧，它的功能是以树的形式显示当前活动模型中的所有特征和零件。在不同的环境下所显示的内容也稍有不同，在零件设计环境中，设计树的顶部会显示当前零件模型的名称，下方会显示当前模型所包含的所有特征的名称。在装配设计环境中，设计树的顶部会显示当前装配的名称，下方会显示当前装配所包含的所有零件（零件下会显示零件所包含的所有特征的名称）或者子装配（子装配下会显示当前子装配所包含的所有零件或者下一级别子装配的名称）的名称。如果程序打开了多个 SOLIDWORKS 文件，则设计树只显示当前活动文件的相关信息。

4.5.2 设计树的作用与一般规则

1. 设计树的作用

1）选取对象

用户可以在设计树中选取要编辑的特征或者零件对象,当要选取的对象在绘图区域不容易选取或者所选对象在图形区已被隐藏时,使用设计树选取就非常方便。软件中的某些功能在选取对象时必须在设计树中选取。

注意：SOLIDWORKS 设计树中列出了特征所需的截面轮廓,当选取截面轮廓的相关对象时,必须在草图设计环境中。

2）更改特征的名称

更改特征名称可以帮助用户更快地在设计树中选取所需对象；在设计树中先缓慢地单击特征两次,然后输入新的名称,如图 4.23 所示,也可以在设计树中右击要修改的特征,选择 特征属性...(O) 命令,系统会弹出如图 4.24 所示的"特征属性"对话框,在 名称(N): 文本框中输入要修改的名称即可。

(a) 更改前　　　　(b) 更改后

图 4.23　更改名称　　　　图 4.24　"特征属性"对话框

3）插入特征

设计树中有一个蓝色的拖回控制棒,其作用是控制创建特征时特征的插入位置。在默认情况下,它的位置是在设计树中所有特征的最后。可以在设计树中将其上下拖动,将特征插入模型中的其他特征之间,此时如果添加新的特征,则新特征将会在控制棒所在的位置。将控制棒移动到新位置后,控制棒后面的特征将被隐藏,特征将不会在图形区显示。

4）调整特征顺序

在默认情况下,设计树将会以特征创建的先后顺序进行排序,如果在创建时顺序安排得不合理,则可以通过设计树对特征的顺序进行重排。先按住需要重排的特征拖动,然后放置到合适的位置即可,如图 4.25 所示。

注意：特征顺序的重排与特征的父子关系有很大关系,没有父子关系的特征可以重排,存在父子关系的特征不允许重排,父子关系的具体内容将会在 4.5.4 节中具体介绍。

图 4.25 顺序重排

2. 设计树的一般规则

（1）设计树特征前如果有"▶"号，则代表该特征包含关联项，单击"▶"号可以展开该项目，并且显示关联内容。

（2）查看草图的约束状态，草图的约束状态有过定义、欠定义、完全定义及无法求解，在设计树中将分别用"（+）""（-）"" ""（？）"表示。

（3）查看装配约束状态，装配体中的零部件包含过定义、欠定义、无法求解及固定，在设计树中将分别用"（+）""（-）""（？）"" "表示。

（4）如果在特征、零件或者装配前有重建模型的符号 ，则代表模型修改后还没有更新，此时需要单击"快速访问工具栏"中的 按钮进行更新。

（5）在设计树中如果模型或者装配前有锁形符号，则代表模型或者装配不能进行编辑，通常是指 ToolBox 或者其他标准零部件。

4.5.3 编辑特征

4min

1. 显示特征尺寸并修改

步骤 1：打开文件 D:\SOLIDWORKS 认证考试\work\ch04.05\编辑特征-ex.SLDPRT。

步骤 2：显示特征尺寸，在如图 4.26 所示的设计树中，双击要修改的特征，例如凸台-拉伸 1，此时该特征的所有尺寸都会显示出来，如图 4.27 所示。

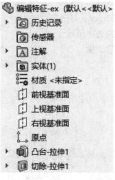

图 4.26 设计树

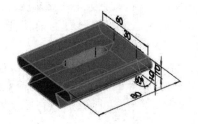

图 4.27 显示尺寸

注意：直接在图形区双击要编辑的特征也可以显示特征尺寸。

如果按下 [特征] 功能选项卡下的 [Instant3D]，则只需单击就可以显示所有尺寸。

步骤 3：修改特征尺寸，在模型中双击需要修改的尺寸，系统会弹出"修改"对话框，在"修改"对话框中的文本框中输入新的尺寸，单击"修改"对话框中的 ✔ 按钮。

步骤 4：重建模型。单击快速访问工具栏中的按钮，即可重建 🔘 模型。

重建模型还有两种方法：第 1 种方法，选择下拉菜单"编辑"→"重建模型" [重建模型(R)] 重建模型；第 2 种方法，按 Ctrl +B 快捷键。

2. 编辑特征

编辑特征用于修改特征的一些参数信息，例如深度类型、深度信息等。

步骤 1：选择命令。在设计树中选中要编辑的"凸台-拉伸 1"后右击，选择 🔘 命令。

步骤 2：修改参数。在系统弹出的"凸台-拉伸"对话框中可以调整拉伸的开始参数，以及深度参数等。

3. 编辑草图

编辑草图用于修改草图中的一些参数信息。

步骤 1：选择命令。在设计树中选中要编辑的凸台-拉伸 1 后右击，选择 🔘 命令。

选择命令的其他方法：在设计树中右击凸台-拉伸节点下的草图，选择 🔘 命令。

步骤 2：修改参数。在草图设计环境中可以编辑及调整草图的一些相关参数。

4.5.4 父子关系

父子关系是指：在创建当前特征时，有可能会借用之前特征的一些对象，被用到的特征称为父特征，当前特征被称为子特征。父子特征在我们进行编辑特征时非常重要，假如我们修改了父特征，子特征有可能会受到影响，并且有可能会导致子特征无法正确地生成而产生报错，所以为了避免错误的产生就需要大概清楚某个特征的父特征与子特征包含哪些，在修改特征时应尽量不要修改父子关系相关联的内容。

查看特征的父子关系的方法如下。

步骤 1：选择命令。在设计树中右击要查看的父子关系的特征，例如切除-拉伸 3，在系统弹出的快捷菜单中选择 [父子关系...(F)] 命令。

步骤 2：查看父子关系。在系统弹出的"父子关系"对话框中可以查看当前特征的父特征与子特征，如图 4.28 所示。

说明：在切除-拉伸 3 特征的父项包含草图 4、凸台-拉伸 1 及圆角 1；切除-拉伸 3 特征的子项包含草图 5、切除-拉伸 4、M2.5 螺纹孔 1 及 M3 螺纹孔 1。

图 4.28 "父子关系"对话框

4.5.5 删除特征

对于模型中不再需要的特征就可以进行删除，删除特征的一般操作步骤如下。

步骤1：选择命令。在设计树中右击要删除的特征，例如切除-拉伸3，在弹出的快捷菜单中选择 ✕ 删除...(D) 命令。

说明：选中要删除的特征后，直接按键盘上的 Delete 键也可以删除特征。

步骤2：定义是否删除内含特征。在如图 4.29 所示的"确认删除"对话框中选中 ☑删除内含特征(F) 复选框。

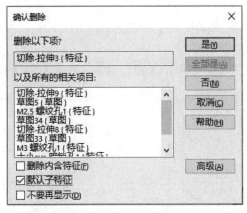

图 4.29 "确认删除"对话框

步骤3：单击"确认删除"对话框中的"是"按钮，完成特征的删除。

4.5.6 隐藏特征

在 SOLIDWORKS 中，隐藏基准特征与隐藏实体特征的方法是不同的。下面以如图 4.30 所示的图形为例，介绍隐藏特征的一般操作过程。

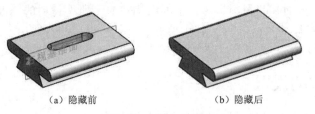

（a）隐藏前　　　　　（b）隐藏后

图 4.30 隐藏特征

步骤1：打开文件 D:\SOLIDWORKS 认证考试\work\ch04.03\隐藏特征-ex.SLDPRT。

步骤2：隐藏基准特征。在设计树中右击"右视基准面"，在弹出的快捷菜单中选择 👁 命令即可隐藏右视基准面。

基准特征包括基准面、基准轴、基准点及基准坐标系等。

步骤3：隐藏实体特征。在设计树中右击"切除-拉伸1"，在弹出的快捷菜单中选择 命令即可隐藏切除-拉伸1，如图4.30（b）所示。

说明：实体特征包括拉伸、旋转、抽壳、扫描、放样等；如果实体特征依然用 命令，则系统默认会将所有实体特征全部隐藏。

4.6 设置零件模型的属性

4.6.1 材料的设置

设置模型材料主要有两个作用：一，模型外观更加真实；二，材料给定后可以确定模型的密度，进而确定模型的质量属性。

下面以如图4.31所示的模型为例，说明设置零件模型材料属性的一般操作过程。

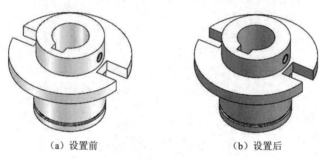

（a）设置前　　　　　　　　　（b）设置后

图4.31　设置材料

步骤1：打开文件 D:\SOLIDWORKS 认证考试\work\ch04.06\属性设置-ex.SLDPRT。

步骤2：选择命令。在设计树中右击 材质 <未指定> 选择 编辑材料(A) 命令，系统会弹出"材料"对话框。

步骤3：选择材料。在"材料"对话框的列表中选择 solidworks materials → 钢 → 201 退火不锈钢(SS)，此时在"材料"对话框的右侧将显示所选材料的属性信息。

步骤4：应用材料。在"材料"对话框中单击 应用(A) 按钮，将材料应用到模型，如图4.31（b）所示，单击 关闭(C) 按钮，关闭"材料"对话框。

4.6.2 单位的设置

在 SOLIDWORKS 中，每个模型都有一个基本的单位系统，从而保证模型大小的准确性，SOLIDWORKS 系统向用户提供了一些预定义的单位系统，其中一个是默认的单位系统，用户既可以自己选择合适的单位系统，也可以自定义一个单位系统；需要注意，在对某个产品进行设计之前，需要保证产品中所有的零部件的单位系统是统一的。

修改或者自定义单位系统的方法如下。

步骤1：单击"快速访问工具栏"中的 按钮，系统会弹出"系统选项-普通"对话框。

步骤 2：首先在"系统选项-普通"对话框中单击 文档属性(D) 节点，然后在左侧的列表中选中 单位 选项，此时在右侧会出现默认的单位系统，如图 4.32 所示。

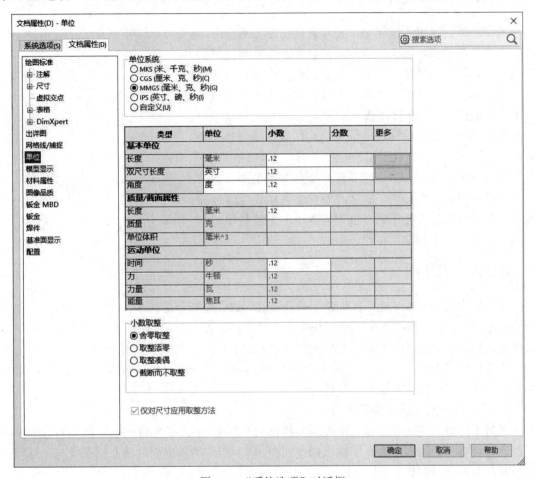

图 4.32 "系统选项"对话框

说明：系统默认的单位系统是 ⊙MMGS（毫米、克、秒）(G)，表示长度单位是 mm，质量单位为 g，时间单位为 s；前 4 个选项是系统提供的单位系统。

步骤 3：如果需要应用其他的单位系统，则只需在对话框的 单位系统 选项组中选择要使用的单选项，系统默认提供的单位系统只可以修改 双尺寸长度 和 角度 区域中的选项；如果需要自定义单位系统，则需要在 单位系统 区域选中 ⊙自定义(U) 单选项，此时所有选项均将变亮，用户可以根据自身的实际需求定制单位系统。

步骤 4：完成修改后，单击对话框中的"确定"按钮。

4.7 基准特征

4.7.1 基本概述

基准特征在建模的过程中主要起到定位参考的作用，需要注意基准特征并不能帮助我们得到某个具体的实体结构，虽然基准特征并不能帮助我们得到某个具体的实体结构，但是在创建模型中的很多实体结构时，如果没有合适的基准，则将很难或者不能完成结构的具体创建，例如创建如图4.33所示的模型，该模型有一个倾斜结构，要想得到这个倾斜结构，就需要创建一个倾斜的基准平面。

基准特征在 SOLIDWORKS 中主要包括基准面、基准轴、基准点及基准坐标系。这些几何元素可以作为创建其他几何体的参照进行使用，在创建零件中的一般特征、曲面及装配时起到了非常重要的作用。

图 4.33 基准特征

4.7.2 基准面

基准面也称为基准平面，在创建一般特征时，如果没有合适的平面了，就可以自己创建出一个基准平面，此基准平面既可以作为特征截面的草图平面来使用，也可以作为参考平面来使用，基准平面是一个无限大的平面，在 SOLIDWORKS 中为了查看方便，基准平面的显示大小可以自己调整。在 SOLIDWORKS 中，软件提供了很多种创建基准平面的方法，接下来就对一些常用的创建方法进行具体介绍。

1. 平行有一定间距创建基准面

通过平行有一定间距创建基准面需要提供一个平面参考，新创建的基准面与所选参考面平行，并且有一定的间距值。下面以创建如图4.34所示的基准面为例介绍平行有一定间距创建基准面的一般创建方法。

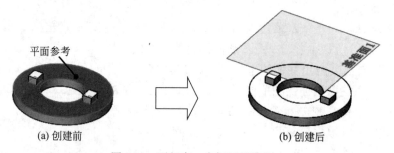

图 4.34 平行有一定间距基准面

步骤1：打开文件 D:\SOLIDWORKS 认证考试\work\ch04.07\基准面01-ex.SLDPRT。

步骤 2：选择命令。单击 [特征] 功能选项卡 下的 [▼] 按钮，选择 [基准面] 命令，系统会弹出"基准面"对话框。

步骤 3：选取平面参考。选取如图 4.34（a）所示的面作为参考平面。

步骤 4：定义间距值。在"基准面"对话框 文本框中输入间距值 20。

步骤 5：完成操作。在"基准面"对话框中单击 ✓ 按钮，完成基准面的定义，如图 4.34（b）所示。

2. 通过轴与面成一定角度创建基准面

通过轴与面有一定角度创建基准面需要提供一个平面参考与一个轴参考，新创建的基准面通过所选的轴，并且与所选面成一定的夹角。下面以创建如图 4.35 所示的基准面为例介绍通过轴与面有一定角度创建基准面的一般创建方法。

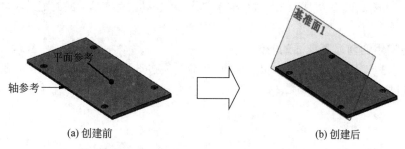

图 4.35　通过轴与面成一定夹角创建基准面

步骤 1：打开文件 D:\SOLIDWORKS 认证考试\work\ch04.07\基准面 02-ex.SLDPRT。

步骤 2：选择命令。单击 [特征] 功能选项卡 下的 [▼] 按钮，选择 [基准面] 命令，系统会弹出"基准面"对话框。

步骤 3：选取轴参考。选取如图 4.35（a）所示的轴参考，采用系统默认的"重合" 类型。

步骤 4：选取平面参考。选取如图 4.35（a）所示的面作为参考平面。

步骤 5：定义角度值。在"基准面"对话框 [第二参考] 区域中单击 ，输入角度值 60。

步骤 6：完成操作。在"基准面"对话框中单击 ✓ 按钮，完成基准面的定义，如图 4.35（b）所示。

3. 垂直于曲线创建基准面

垂直于曲线创建基准面需要提供曲线参考与一个点参考，一般情况下点是曲线端点或者曲线上的点，新创建的基准面通过所选的点，并且与所选曲线垂直。下面以创建如图 4.36

图 4.36　垂直于曲线创建基准面

所示的基准面为例介绍垂直于曲线创建基准面的一般创建方法。

步骤1：打开文件 D:\SOLIDWORKS 认证考试\work\ch04.07\基准面 03-ex.SLDPRT。

步骤2：选择命令。单击 特征 功能选项卡 下的 按钮，选择 基准面 命令，系统会弹出"基准面"对话框。

步骤3：选取点参考。选取如图 4.36（a）所示的点参考，采用系统默认的"重合"类型。

步骤4：选取曲线参考。选取如图 4.36（a）所示的曲线作为曲线参考，采用系统默认的"垂直"类型。

说明：曲线参考既可以是草图中的直线、样条曲线、圆弧等开放对象，也可以是现有实体中的一些边线。

步骤5：完成操作。在"基准面"对话框中单击 ✓ 按钮，完成基准面的定义，如图4.36（b）所示。

4. 其他常用的创建基准面的方法

（1）通过3点创建基准平面，所创建的基准面通过选取的3个点，如图4.37所示。

（2）通过直线和点创建基准平面，所创建的基准面通过选取的直线和点，如图4.38所示。

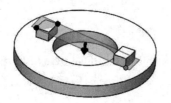
图4.37　通过3点创建基准面

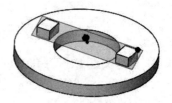
图4.38　通过直线和点创建基准面

（3）通过与某一平面平行并且通过点创建基准平面，所创建的基准面通过选取的点，并且与参考平面平行，如图4.39所示。

（4）通过两个平行平面创建基准平面，所创建的基准面在所选两个平行基准平面的中间位置，如图4.40所示。

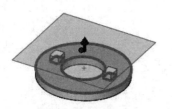
图4.39　通过平行平面及通过点创建基准面

图4.40　通过两平行平面创建基准面

（5）通过两个相交平面创建基准平面，所创建的基准面在所选两个相交基准平面的角平分线位置，如图4.41所示。

（6）通过与曲面相切创建基准平面，所创建的基准面与所选曲面相切，并且还需要其他参考，例如与某个平面平行或者垂直，或者通过某个对象，如图 4.42 所示。

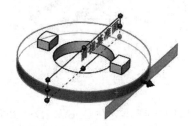

图 4.41　通过相交平面创建基准面　　　　图 4.42　通过与曲面相切创建基准面

4.7.3　基准轴

7min

基准轴与基准面一样，既可以作为特征创建时的参考，也可以作为创建基准面、同轴放置项目及圆周阵列等的参考。在 SOLIDWORKS 中，软件向我们提供了很多种创建基准轴的方法，接下来就对一些常用的创建方法进行具体介绍。

1. 通过直线/边/轴创建基准轴

通过直线/边/轴创建基准轴需要提供一个草图直线、边或者轴参考。下面以创建如图 4.43 所示的基准轴为例介绍通过直线/边/轴创建基准轴的一般创建方法。

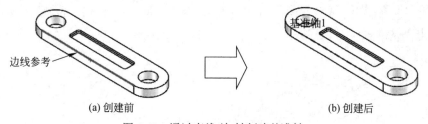

图 4.43　通过直线/边/轴创建基准轴

步骤 1：打开文件 D:\SOLIDWORKS 认证考试\work\ch04.07\基准轴-ex.SLDPRT。
步骤 2：选择命令。单击 特征 功能选项卡 下的 按钮，选择 基准轴 命令，系统会弹出"基准轴"对话框。
步骤 3：选取类型。在"基准轴"对话框选择 一直线/边线/轴(O) 。
步骤 4：选取参考。选取如图 4.43（a）所示的边线作为参考。
步骤 5：完成操作。在"基准轴"对话框中单击 ✓ 按钮，完成基准轴的定义，如图 4.43（b）所示。

2. 通过两平面创建基准轴

通过两平面创建基准轴需要提供两个平面参考。下面以创建如图 4.44 所示的基准轴为例介绍通过两平面创建基准轴的一般创建方法。

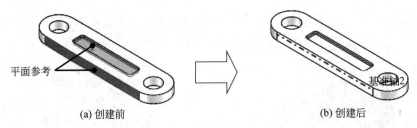

图 4.44 通过两平面创建基准轴

步骤 1：打开文件 D:\SOLIDWORKS 认证考试\work\ch04.07\基准轴-ex.SLDPRT。

步骤 2：选择命令。单击 特征 功能选项卡 下的 按钮，选择 基准轴 命令，系统会弹出"基准轴"对话框。

步骤 3：选取类型。在"基准轴"对话框选择 两平面(T) 单选项。

步骤 4：选取参考。选取如图 4.44（a）所示的两个平面作为参考。

步骤 5：完成操作。在"基准轴"对话框中单击 ✓ 按钮，完成基准轴的定义，如图 4.44（b）所示。

3. 通过两点/顶点创建基准轴

通过两点/顶点创建基准轴需要提供两个点参考。下面以创建如图 4.45 所示的基准轴为例介绍通过两点/顶点创建基准轴的一般创建方法：

步骤 1：打开文件 D:\SOLIDWORKS 认证考试\work\ch04.07\基准轴-ex.SLDPRT。

步骤 2：选择命令。单击 特征 功能选项卡 下的 按钮，选择 基准轴 命令，系统会弹出"基准轴"对话框。

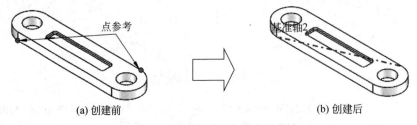

图 4.45 通过两点/顶点创建基准轴

步骤 3：选取类型。在"基准轴"对话框选择 两点/顶点(W) 。

步骤 4：选取参考。选取如图 4.45（a）所示的两个点作为参考。

步骤 5：完成操作。在"基准轴"对话框中单击 ✓ 按钮，完成基准轴的定义，如图 4.45（b）所示。

4. 通过圆柱/圆锥面创建基准轴

通过圆柱/圆锥面创建基准轴需要提供一个圆柱或者圆锥面参考，系统会自动提取这个圆柱或者圆锥面的中心轴。下面以创建如图 4.46 所示的基准轴为例介绍通过圆柱/圆锥面创建基准轴的一般创建方法。

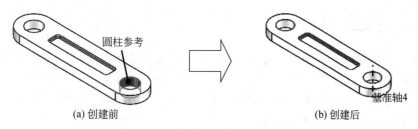

图 4.46　通过圆柱/圆锥面创建基准轴

步骤 1：打开文件 D:\SOLIDWORKS 认证考试\work\ch04.07\基准轴-ex.SLDPRT。

步骤 2：选择命令。单击 特征 功能选项卡 下的 按钮，选择 基准轴 命令，系统会弹出"基准轴"对话框。

步骤 3：选取类型。在"基准轴"对话框选择 圆柱/圆锥面(C) 单选项。

步骤 4：选取参考。选取如图 4.46（a）所示的圆柱面作为参考。

步骤 5：完成操作。在"基准轴"对话框中单击 ✔ 按钮，完成基准轴的定义，如图 4.46（b）所示。

5. 通过点和面/基准面创建基准轴

通过点和面/基准面创建基准轴需要提供一个点参考和一个面参考，点用于确定轴的位置，面用于确定轴的方向。下面以创建如图 4.47 所示的基准轴为例介绍通过点和面/基准面创建基准轴的一般创建方法。

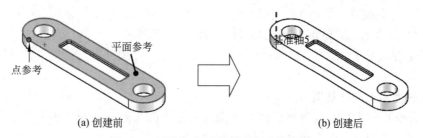

图 4.47　通过点和面/基准面创建基准轴

步骤 1：打开文件 D:\SOLIDWORKS 认证考试\work\ch04.07\基准轴-ex.SLDPRT。

步骤 2：选择命令。单击 特征 功能选项卡 下的 按钮，选择 基准轴 命令，系统会弹出"基准轴"对话框。

步骤 3：选取类型。在"基准轴"对话框选择 点和面/基准面(P) 单选项。

步骤 4：选取参考。选取如图 4.47（a）所示的点及面作为参考。

步骤 5：完成操作。在"基准轴"对话框中单击 ✔ 按钮，完成基准轴的定义，如图 4.47（b）所示。

4.7.4 基准点

点是最小的几何单元，由点既可以得到线，由点也可以得到面，所以在创建基准轴或者基准面时，如果没有合适的点了，就可以通过基准点命令进行创建，另外基准点也可以作为其他实体特征创建的参考元素。SOLIDWORKS 提供了很多种创建基准点的方法，接下来就对一些常用的创建方法进行具体介绍。

1. 通过圆弧中心创建基准点

通过圆弧中心创建基准点需要提供一个圆弧或者圆参考。下面以创建如图 4.48 所示的基准点为例介绍通过圆弧中心创建基准点的一般创建方法。

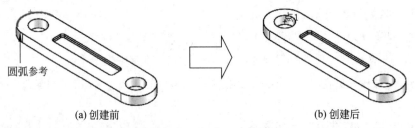

图 4.48 通过圆弧中心创建基准点

步骤 1：打开文件 D:\SOLIDWORKS 认证考试\work\ch04.07\基准点-ex.SLDPRT。

步骤 2：选择命令。单击 特征 功能选项卡 下的 按钮，选择 点 命令，系统会弹出"点"对话框。

步骤 3：选取类型。在"点"对话框选择 圆弧中心(T) 单选项。

步骤 4：选取参考。选取如图 4.48（a）所示的圆弧参考。

步骤 5：完成操作。在"点"对话框中单击 按钮，完成基准点的定义，如图 4.48（b）所示。

2. 通过面中心创建基准点

通过面中心创建基准点需要提供一个面（平面、圆弧面、曲面）参考。下面以创建如图 4.49 所示的基准点为例介绍通过面中心创建基准点的一般创建方法。

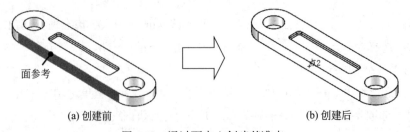

图 4.49 通过面中心创建基准点

步骤 1：打开文件 D:\SOLIDWORKS 认证考试\work\ch04.07\基准点-ex.SLDPRT。

步骤 2：选择命令。单击 特征 功能选项卡 下的 按钮，选择 点 命令，系统会弹出"点"对话框。

步骤 3：选取类型。在"点"对话框选择 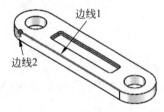 单选项。

步骤 4：选取参考。选取如图 4.49（a）所示的面作为参考。

步骤 5：完成操作。在"点"对话框中单击 ✓ 按钮，完成基准点的定义，如图 4.49（b）所示。

3. 其他创建基准点的方式

（1）通过交叉点创建基准点，以这种方式创建基准点需要提供两个相交的曲线对象，如图 4.50 所示。

（2）通过投影创建基准点，以这种方式创建基准点需要提供一个要投影的点（曲线端点、草图点或者模型端点），以及要投影到的面（基准面、模型表面或者曲面）。

图 4.50 交叉基准点

（3）通过在点上创建基准点，以这种方式创建基准点需要提供一些点（必须是草图点）。

（4）通过沿曲线创建基准点，可以快速地生成沿选定曲线的点，曲线可以是模型边线或者草图线段。

4.7.5 基准坐标系

基准坐标系可以定义零件或者装配的坐标系，添加基准坐标系主要有以下几点作用：①在使用测量分析工具时使用；②在将 SOLIDWORKS 文件导出到其他中间格式时使用；③在装配配合时使用。

下面以创建如图 4.51 所示的基准坐标系为例介绍创建基准坐标系的一般创建方法。

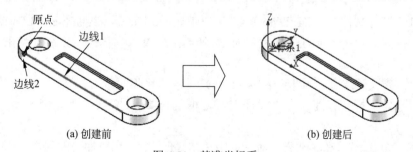

图 4.51 基准坐标系

步骤 1：打开文件 D:\SOLIDWORKS 认证考试\work\ch04.07\基准坐标系-ex.SLDPRT。

步骤2：选择命令。单击 `特征` 功能选项卡 下的 按钮，选择 `坐标系` 命令，系统会弹出"坐标系"对话框。

步骤3：定义坐标系原点。选取如图4.51（a）所示的原点。

步骤4：定义坐标系 x 轴。选取如图4.51（a）所示的边线1作为 x 轴方向。

步骤5：定义坐标系 z 轴。激活 z 轴的选择文本框，选取如图4.51（a）所示的边线2作为 z 轴方向，单击 按钮调整到如图4.51（b）所示的方向。

步骤6：完成操作。在"坐标系"对话框中单击 按钮，完成基准坐标系的定义，如图4.51（b）所示。

4.8 抽壳特征

4.8.1 基本概述

抽壳特征是指先移除一个或者多个面，然后将其余所有的模型外表面向内或者向外偏移一个相等或者不等的距离而实现的一种效果。通过对概念的学习可以总结得到抽壳的主要作用是帮助我们快速地得到箱体或者壳体效果。

4.8.2 等壁厚抽壳

下面以实现如图4.52所示的效果为例，介绍创建等壁厚抽壳的一般过程。

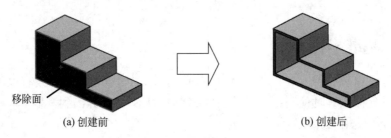

图 4.52 等壁厚抽壳

步骤1：打开文件 D:\SOLIDWORKS 认证考试\work\ch04.08\抽壳-ex.SLDPRT。

步骤2：选择命令。单击 `特征` 功能选项卡中的 `抽壳` 按钮，系统会弹出"抽壳"对话框。

步骤3：定义移除面。选取如图4.52（a）所示的移除面。

步骤4：定义抽壳厚度。在"抽壳"对话框的 `参数(P)` 区域的"厚度" 文本框中输入 3。

步骤5：完成操作。在"抽壳"对话框中单击 按钮，完成抽壳的创建，如图4.52（b）所示。

4.8.3 不等壁厚抽壳

2min

不等壁厚抽壳是指抽壳后不同面的厚度是不同的，下面以实现如图 4.53 所示的效果为例，介绍创建不等壁厚抽壳的一般过程。

步骤 1：打开文件 D:\SOLIDWORKS 认证考试\work\ch04.08\抽壳 02-ex.SLDPRT。

步骤 2：选择命令。单击 特征 功能选项卡中的 抽壳 按钮，系统会弹出"抽壳"对话框。

步骤 3：定义移除面。选取如图 4.53（a）所示的移除面。

步骤 4：定义抽壳厚度。在"抽壳"对话框的 参数(P) 区域的"厚度" 文本框中输入 5；首先通过单击激活 多厚度设定(M) 区域 后的文本框，再选取如图 4.54 所示的面，然后在 多厚度设定(M) 区域中的 文本框中输入 10（代表此面的厚度为 10），接着选取长方体的底面，最后在 多厚度设定(M) 区域中的 文本框中输入 15（代表底面的厚度为 15）。

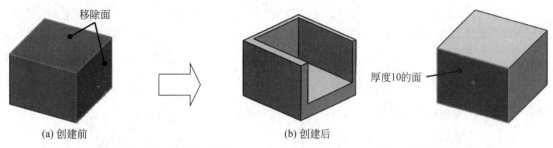

图 4.53　不等壁厚抽壳　　　　　　　　　　　　　图 4.54　不等壁厚面

步骤 5：完成操作。在"抽壳"对话框中单击 ✓ 按钮，完成抽壳的创建，如图 4.53（b）所示。

4.8.4 抽壳方向的控制

前面创建的抽壳方向都是向内抽壳，从而保证模型的整体尺寸不变，其实抽壳的方向也可以向外，只是需要注意，当抽壳方向向外时，模型的整体尺寸会发生变化，例如图 4.55 所示的长方体的原始尺寸为 80×80×60；如果是正常的向内抽壳，假如抽壳厚度为 5，抽壳后的效果如图 4.56 所示，此模型的整体尺寸依然是 80×80×60，中间腔槽的尺寸为 70×70×55；如果是向外抽壳，则只需在"抽壳"对话框中选中 ☑壳厚朝外(S)，假如抽壳厚度为 5，抽壳后的效果如图 4.57 所示，此模型的整体尺寸为 90×90×65，中间腔槽的尺寸为 80×80×60。

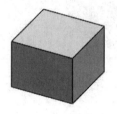　　　　　　　　

图 4.55　原始模型　　　　　　图 4.56　向内抽壳　　　　　　图 4.57　向外抽壳

4.8.5 抽壳的高级应用（抽壳的顺序）

抽壳操作是一个对顺序要求比较严格的功能，同样的特征以不同的顺序进行抽壳，对最终的结果有非常大的影响。接下来就以创建圆角和抽壳为例，来介绍不同顺序对最终效果的影响。

方法一：先圆角再抽壳

步骤 1：打开文件 D:\SOLIDWORKS 认证考试\work\ch04.08\抽壳 03-ex.SLDPRT。

步骤 2：创建如图 4.58 所示的倒圆角 1。单击 特征 功能选项卡 下的 按钮，选择 圆角 命令，系统会弹出"圆角"对话框，在"圆角"对话框中选择"恒定大小圆角" 单选项，在系统的提示下选取 4 条竖直边线作为圆角对象，在"圆角"对话框的 圆角参数 区域中的 文本框中输入圆角半径值 15，单击 按钮完成倒圆角 1 的创建。

步骤 3：创建如图 4.59 所示的倒圆角 2。单击 特征 功能选项卡 下的 按钮，选择 圆角 命令，系统会弹出"圆角"对话框，在"圆角"对话框中选择"恒定大小圆角" 单选项，在系统的提示下选取下侧水平边线作为圆角对象，在"圆角"对话框的 圆角参数 区域中的 文本框中输入圆角半径值 8，单击 按钮完成倒圆角 2 的创建。

图 4.58　倒圆角 1　　　　　　　　图 4.59　倒圆角 2

步骤 4：创建如图 4.60 所示的抽壳。单击 特征 功能选项卡中的 抽壳 按钮，系统会弹出"抽壳"对话框，选取如图 4.60（a）所示的移除面，在"抽壳"对话框的 参数(P) 区域的"厚度" 文本框中输入 5，在"抽壳"对话框中单击 按钮，完成抽壳的创建，如图 4.60（b）所示。

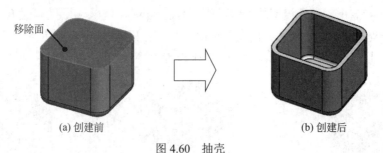

(a) 创建前　　　　　　　　　　(b) 创建后

图 4.60　抽壳

方法二：先抽壳再圆角

步骤 1：打开文件 D:\SOLIDWORKS 认证考试\work\ch04.08\抽壳 03-ex.SLDPRT。

步骤 2：创建如图 4.61 所示的抽壳。单击 特征 功能选项卡中的 抽壳 按钮，系统会弹出"抽壳"对话框，选取如图 4.61（a）所示的移除面，在"抽壳"对话框的 参数(P) 区域的"厚度" 文本框中输入 5，在"抽壳"对话框中单击 ✓ 按钮，完成抽壳的创建，如图 4.61（b）所示。

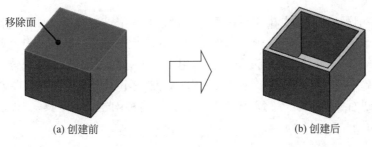

图 4.61 抽壳

步骤 3：创建如图 4.62 所示的倒圆角 1。单击 特征 功能选项卡 下的 ▼ 按钮，选择 圆角 命令，系统会弹出"圆角"对话框，在"圆角"对话框中选择"恒定大小圆角" 单选项，在系统的提示下选取 4 条竖直边线作为圆角对象，在"圆角"对话框的 圆角参数 区域中的 文本框中输入圆角半径值 15，单击 ✓ 按钮完成倒圆角 1 的创建。

步骤 4：创建如图 4.63 所示的倒圆角 2。单击 特征 功能选项卡 下的 ▼ 按钮，选择 圆角 命令，系统会弹出"圆角"对话框，在"圆角"对话框中选择"恒定大小圆角" 单选项，在系统的提示下选取下侧水平边线作为圆角对象，在"圆角"对话框的 圆角参数 区域中的 文本框中输入圆角半径值 8，单击 ✓ 按钮完成倒圆角 2 的创建。

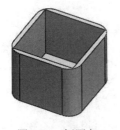

图 4.62 倒圆角 1

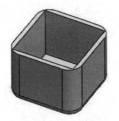

图 4.63 倒圆角 2

总结：相同的参数、不同的操作步骤所得到的效果是截然不同的，那么出现不同结果的原因是什么呢？这是由抽壳时保留面的数目不同而导致的。在方法一中，先创建了圆角，当移除一个面进行抽壳时，剩下了 17 个面（5 个平面和 12 个圆角面）参与抽壳偏移，从而可以得到如图 4.60 所示的效果；在方法二中，虽然也移除了一个面，但是由于圆角是抽壳后创建的，因此剩下的面只有 5 个，这 5 个面参与抽壳，进而得到如图 4.61 所示的效果，后面再单独圆角，从而得到如图 4.63 所示的效果，那么在实际使用抽壳时我们该如何合理安排抽壳的顺序呢？一般情况下需要把要参与抽壳的特征放在抽壳特征的前面创建，把不需要参与抽壳的特征放到抽壳后面创建。

4.9 孔特征

4.9.1 基本概述

孔在我们的设计过程中起着非常重要的作用，主要用于定位配合和固定设计产品，既然有这么重要的作用，当然软件也给我提供了很多创建孔的方法，例如一般简单的通孔（用于上螺钉的）、一般产品底座上的沉头孔（也是用于上螺钉的）、两个产品配合的锥形孔（通过销来定位和固定的孔），还有最常见的螺纹孔等，这些不同类型的孔都可以通过软件给我们提供的孔命令进行具体实现。SOLIDWORKS 提供了两种创建孔的工具，一种是简单的直孔，另一种是异型孔向导。

4.9.2 异型孔向导

使用异型孔向导功能创建孔特征，一般会经过以下几个步骤：
（1）选择命令。
（2）定义打孔平面。
（3）初步定义孔的位置。
（4）定义打孔的类型。
（5）定义孔的对应参数。
（6）精确定义孔的位置。

下面以实现如图 4.64 所示的效果为例，具体介绍创建异型孔向导的一般过程。

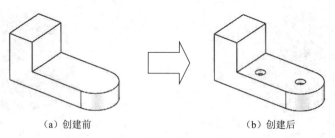

图 4.64 异型孔向导

步骤 1：打开文件 D:\SOLIDWORKS 认证考试\work\ch04.09\孔 01-ex.SLDPRT。

步骤 2：选择命令。单击 特征 功能选项卡 下的 按钮，选择 异型孔向导 命令，系统会弹出"孔规格"对话框。

步骤 3：定义打孔平面。在"孔规格"对话框中单击 位置 选项卡，选取如图 4.65 所示的模型表面作为打孔平面。

步骤4：初步定义孔的位置。在打孔面上的任意位置单击，以确定打孔的初步位置，如图4.66所示。

步骤5：定义孔的类型。在"孔位置"对话框中单击 类型 选项卡，在 孔类型(T) 区域中选中"柱形沉头孔"，在 标准 下拉列表中选择 GB，在 类型 下拉列表中选择"内六角花形圆柱头螺钉"类型。

步骤6：定义孔参数。在"孔规格"对话框中的 孔规格 区域的 大小 下拉列表中选择"M6"，在 配合 下拉列表中选择"正常"，在 终止条件(C) 区域的下拉列表中选择"完全贯穿"，单击 ✓ 按钮完成孔的初步创建。

步骤7：精确定义孔位置。在设计树中右击 打孔尺寸(%根据)内六角花形圆柱头螺钉1 下的定位草图（草图3），选择 命令，系统会进入草图环境，将约束添加至如图4.67所示的效果，单击 按钮完成定位。

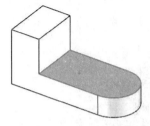

图4.65　定义打孔平面

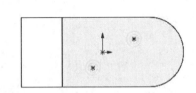

图4.66　初步定义孔的位置

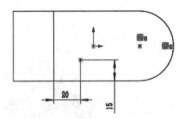

图4.67　精确定义孔位置

4.10　拔模特征

4.10.1　基本概述

拔模特征是指将竖直的平面或者曲面倾斜一定的角，从而得到一个斜面或者有锥度的曲面。注塑件和铸造件往往都需要一个拔模斜度才可以顺利脱模，拔模特征就是专门用来创建拔模斜面的。在 SOLIDWORKS 中拔模特征主要有 3 种类型：中性面拔模、分型线拔模、阶梯拔模。

拔模中需要提前理解的关键术语如下。
（1）拔模面：要发生倾斜角度的面。
（2）中性面：保持固定不变的面。
（3）拔模角度：拔模方向与拔模面之间的倾斜角度。

4.10.2　中性面拔模

下面以实现如图4.68所示的效果为例，介绍创建中性面拔模的一般过程。
步骤1：打开文件 D:\SOLIDWORKS 认证考试\work\ch04.10\拔模 01-ex.SLDPRT。

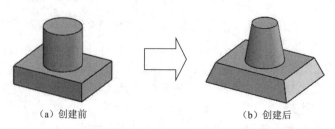

图 4.68 中性面拔模

步骤 2：选择命令。单击 特征 功能选项卡中的 拔模 按钮，系统会弹出"拔模"对话框。

步骤 3：定义拔模类型。在"拔模"对话框 拔模类型(T) 区域中选中 ●中性面(E) 单选项。

步骤 4：定义中性面。在系统 设定要拔模的中性面和面。 的提示下选取如图 4.69 所示的面作为中性面。

步骤 5：定义拔模面。在系统 设定要拔模的中性面和面。 的提示下选取如图 4.70 所示的面作为拔模面。

图 4.69 中性面

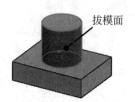

图 4.70 拔模面

步骤 6：定义拔模角度。在"拔模"对话框 拔模角度(G) 区域的 文本框中输入 10。

步骤 7：完成拔模特征 1 的创建。单击"拔模"对话框中的 ✓ 按钮，完成拔模的创建，如图 4.71 所示。

步骤 8：选择命令。单击 特征 功能选项卡中的 拔模 按钮，系统会弹出"拔模"对话框。

步骤 9：定义拔模类型。在"拔模"对话框 拔模类型(T) 区域中选中 ●中性面(E) 单选项。

步骤 10：定义中性面。在系统 设定要拔模的中性面和面。 的提示下选取如图 4.69 所示的面作为中性面。

步骤 11：定义拔模面。在系统 设定要拔模的中性面和面。 的提示下在 拔模面(F) 区域的 拔模沿面延伸(A): 下拉列表中选择 外部的面 ，系统会自动选取底部长方体的 4 个侧面。

步骤 12：定义拔模角度。在"拔模"对话框 拔模角度(G) 区域的 文本框中输入 20。

步骤 13：完成拔模特征 2 的创建。单击"拔模"对话框中的 ✓ 按钮，完成拔模的创建，如图 4.72 所示。

图 4.71 拔模特征 1

图 4.72 拔模特征 2

4.10.3 分型线拔模

下面以实现如图 4.73 所示的效果为例,介绍创建分型线拔模的一般过程。

步骤 1:打开文件 D:\SOLIDWORKS 认证考试\work\ch04.10\拔模 02-ex.SLDPRT。

步骤 2:创建分型草图。单击 草图 功能选项卡中的草图绘制 草图绘制 按钮,选取如图 4.74 所示的模型表面作为草图平面;绘制如图 4.75 所示的草图。

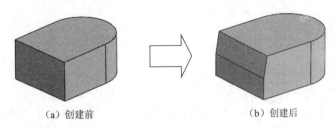
图 4.73 分型线拔模

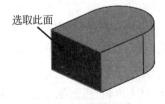
图 4.74 草图平面

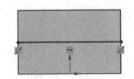
图 4.75 截面草图

步骤 3:创建分型线。单击 特征 功能选项卡 下的 按钮,选择 分割线 命令,系统会弹出"分割线"对话框,在 分割类型(T) 区域中选中 投影(P) 单选项,在系统 更改类型或选择要投影的草图、方向和分割的面。 的提示下,选取如图 4.75 所示的草图作为投影对象,选取如图 4.74 所示的面作为要分割的面,单击 ✓ 按钮,完成分型线的创建,如图 4.76 所示。

步骤 4:选择命令。单击 特征 功能选项卡中的 拔模 按钮,系统会弹出"拔模"对话框。

步骤 5:定义拔模类型。在"拔模"对话框的 拔模类型(T) 区域中选中 分型线 单选项。

步骤 6:定义拔模方向。在系统 选择拔模方向和分型线。 的提示下选取如图 4.77 所示的面作为参考面。

步骤7：定义分型线。在系统 选择拔模方向和分型线。 的提示下选取如图 4.76 所示的分型线，黄色箭头所指的方向就是拔模侧。

说明：用户可以通过单击 其他面 按钮调整拔模侧。

步骤8：定义拔模角度。在"拔模"对话框 拔模角度(G) 区域中 ↕ 文本框中输入 10。

步骤9：完成创建。单击"拔模"对话框中的 ✓ 按钮，完成拔模的创建，如图4.78 所示。

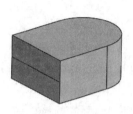
图 4.76　分型线

图 4.77　拔模方向

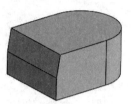
图 4.78　分型线拔模

4.11　加强筋特征

4.11.1　基本概述

加强筋顾名思义是用来加固零件的，当想要提升一个模型的承重或者抗压能力时，就可以在当前模型的一些特殊位置加上一些加强筋结构。加强筋的创建过程与拉伸特征比较类似，不同点在于拉伸需要一个封闭的截面，而加强筋只需开放截面就可以了。

4.11.2　加强筋特征的一般操作过程

下面以实现如图 4.79 所示的效果为例，介绍创建加强筋特征的一般过程。

步骤1：打开文件 D:\SOLIDWORKS 认证考试\work\ch04.11\加强筋-ex.SLDPRT。

步骤2：选择命令。单击 特征 功能选项卡中的 筋 按钮。

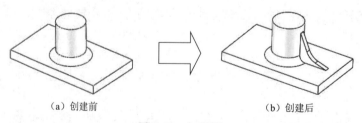

(a) 创建前　　　　　　　　　　　　(b) 创建后

图 4.79　加强筋

步骤3：定义加强筋截面轮廓。在系统的提示下选取"前视基准面"作为草图平面，绘制如图 4.80 所示的截面草图，单击 ↳ 按钮退出草图环境，系统会弹出"筋"对话框。

步骤4：定义加强筋参数。在"筋"对话框 参数(P) 区域中选中"两侧" ≡ ，在 ≙ 文本框中输入厚度值 15，在 拉伸方向: 下选中 单选项，其他参数采用默认。

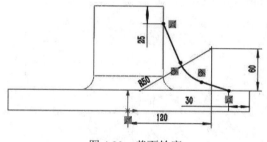

图 4.80　截面轮廓

步骤 5：完成创建。单击"筋"对话框中的 ✓ 按钮，完成加强筋的创建，如图 4.79（b）所示。

4.12　扫描特征

4.12.1　基本概述

扫描特征是指将一个截面轮廓沿着我们给定的曲线路径掠过而得到的一个实体效果。通过对概念的学习可以总结得到，要想创建一个扫描特征就需要有两大要素作为支持：一是截面轮廓，二是曲线路径。

4.12.2　扫描特征的一般操作过程

8min

下面以实现如图 4.81 所示的效果为例，介绍创建扫描特征的一般过程。

步骤 1：新建模型文件，选择"快速访问工具栏"中的 命令，在系统弹出的"新建 SOLIDWORKS 文件"对话框中选择"零件" ，单击"确定"按钮进入零件建模环境。

步骤 2：绘制扫描路径。单击 草图 功能选项卡中的 草图绘制 按钮，在系统的提示下，选取"上视基准面"作为草图平面，绘制如图 4.82 所示的草图。

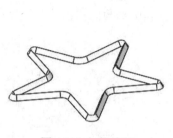

图 4.81　扫描特征

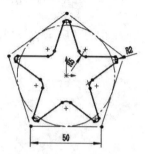

图 4.82　曲线路径

步骤 3：绘制截面轮廓。单击 草图 功能选项卡中的 草图绘制 按钮，在系统的提示下，选取"右视基准面"作为草图平面，绘制如图 4.83 所示的草图。

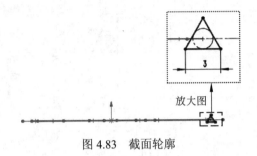

图 4.83 截面轮廓

注意：截面轮廓的中心与曲线路径需要添加穿透的几何约束，按住 Ctrl 键后选取圆心与曲线路径（注意选择的位置），选择 穿透(P) 即可。

步骤 4：选择命令。单击 特征 功能选项卡中的 扫描 按钮，系统会弹出"扫描"对话框。

步骤 5：定义扫描截面。首先在"扫描"对话框的 轮廓和路径(P) 区域选中 ⊙草图轮廓 单选项，然后选取如图 4.83 所示的三角形作为扫描截面。

步骤 6：定义扫描路径。在绘图区域中选取如图 4.82 所示的曲线路径。

步骤 7：完成创建。单击"扫描"对话框中的 ✓ 按钮，完成扫描的创建，如图 4.81 所示。

注意：创建扫描特征，必须遵循以下规则。

（1）对于扫描凸台，截面需要封闭。
（2）路径既可以是开环的，也可以是闭环的。
（3）路径可以是一个草图或者模型边线。
（4）路径不能自相交。
（5）路径的起点必须位于轮廓所在的平面上。
（6）相对于轮廓截面的大小，路径的弧或样条半径不能太小，否则扫描特征在经过该弧时会由于自身相交而出现特征生成失败的情况。

4.12.3 圆形截面的扫描

下面以实现如图 4.84 所示的效果为例，介绍创建圆形截面扫描的一般过程。

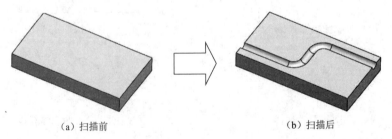

(a) 扫描前   (b) 扫描后

图 4.84 圆形截面扫描

步骤 1：打开文件 D:\SOLIDWORKS 认证考试\work\ch04.12\扫描 02-ex.SLDPRT。

步骤 2：绘制扫描路径。单击 草图 功能选项卡中的 草图绘制 按钮，在系统的提示下，选取如图 4.85 所示的模型表面作为草图平面，绘制如图 4.86 所示的草图。

图 4.85　草图平面

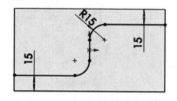

图 4.86　扫描路径

步骤 3：选择命令。单击 特征 功能选项卡中的 扫描切除 按钮，系统会弹出"扫描切除"对话框。

步骤 4：定义扫描截面。首先在"扫描切除"对话框的 轮廓和路径(P) 区域选中 圆形轮廓(C) 单选项，然后在 文本框中输入直径值 10。

步骤 5：定义扫描路径。在绘图区域中选取如图 4.86 所示的曲线路径。

步骤 6：完成创建。单击"扫描切除"对话框中的 ✔ 按钮，完成扫描的创建，如图 4.84（b）所示。

4.12.4　带引导线的扫描

引导线的主要作用是控制模型整体的外形轮廓。在 SOLIDWORKS 中添加的引导线必须满足与截面轮廓相交。

下面以实现如图 4.87 所示的效果为例，介绍创建带引导线的扫描的一般过程。

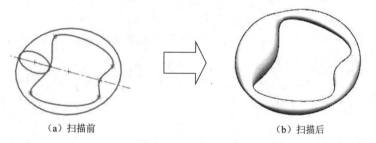

（a）扫描前　　　　　　　　　（b）扫描后

图 4.87　带引导线的扫描

步骤 1：新建模型文件，选择"快速访问工具栏"中的 命令，在系统弹出的"新建 SOLIDWORKS 文件"对话框中选择"零件" ，单击"确定"按钮进入零件建模环境。

步骤 2：绘制扫描路径。单击 草图 功能选项卡中的 草图绘制 按钮，在系统的提示下，选取"上视基准面"作为草图平面，绘制如图 4.88 所示的草图。

步骤 3：绘制扫描引导线。单击 草图 功能选项卡中的 草图绘制 按钮，在系统的提示下，选取"上视基准面"作为草图平面，绘制如图 4.89 所示的草图。

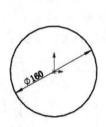
图 4.88 扫描路径

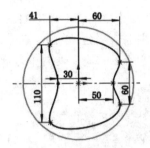
图 4.89 扫描引导线

步骤 4：绘制扫描截面。单击 草图 功能选项卡中的 草图绘制 按钮，在系统的提示下，选取"前视基准面"作为草图平面，绘制如图 4.90 所示的草图。

(a) 二维显示　　　　　　　　　　　　　(b) 三维显示

图 4.90 扫描截面

注意：截面轮廓的左侧与路径圆重合，截面轮廓的右侧与引导线重合。

步骤 5：选择命令。单击 特征 功能选项卡中的 扫描 按钮，系统会弹出"扫描"对话框。

步骤 6：定义扫描截面。首先在"扫描"对话框的 轮廓和路径(P) 区域选中 ⊙草图轮廓 单选项，然后选取如图 4.90 所示的圆作为扫描截面。

步骤 7：定义扫描路径。在绘图区域中选取如图 4.88 所示的圆作为扫描路径。

步骤 8：定义扫描引导线。在绘图区域中激活 引导线(C) 区域的文本框，选取如图 4.89 所示的曲线作为扫描引导线。

步骤 9：完成创建。单击"扫描"对话框中的 ✓ 按钮，完成扫描的创建，如图 4.87（b）所示。

4.13 放样特征

4.13.1 基本概述

放样特征是指将一组不同的截面，沿着其边线，用一个过渡曲面的形式连接而形成一个连续的特征。通过对概念的学习可以总结得到，要想创建放样特征只需提供一组不同的截面。

注意：对于一组不同的截面有两个要求，第 1 个要求，数量至少为两个，第 2 个要求，不同的截面需要绘制在不同的草绘平面。

4.13.2 放样特征的一般操作过程

9min

下面以实现如图4.91所示的效果为例,介绍创建放样特征的一般过程。

步骤1:新建模型文件,选择"快速访问工具栏"中的 命令,在系统弹出的"新建SOLIDWORKS文件"对话框中选择"零件" ,单击"确定"按钮进入零件建模环境。

步骤2:绘制放样截面1。单击 草图 功能选项卡中的 草图绘制 按钮,在系统的提示下选取"右视基准面"作为草图平面,绘制如图4.92所示的草图。

步骤3:创建基准面1。单击 特征 功能选项卡 下的 按钮,选择 基准面 命令,选取"右视基准面"作为参考平面,在"基准面"对话框 文本框中输入间距值100。单击 按钮,完成基准面的定义,如图4.93所示。

图4.91 放样特征

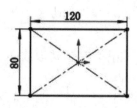

图4.92 放样截面1

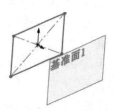

图4.93 基准面1

步骤4:绘制放样截面2。单击 草图 功能选项卡中的 草图绘制 按钮,在系统的提示下,选取"基准面1"作为草图平面,绘制如图4.94所示的草图。

步骤5:创建基准面2。单击 特征 功能选项卡 下的 按钮,选择 基准面 命令,选取"基准面1"作为参考平面,在"基准面"对话框 文本框中输入间距值100。单击 按钮,完成基准面的定义,如图4.95所示。

步骤6:绘制放样截面3。单击 草图 功能选项卡中的草图绘制 草图绘制 按钮,在系统的提示下,选取"基准面2"作为草图平面,绘制如图4.96所示的草图。

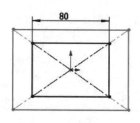

图4.94 放样截面2

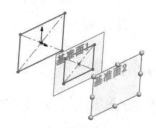

图4.95 基准面2

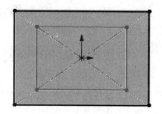

图4.96 放样截面3

注意:通过转换实体引用并复制截面1中的矩形。

步骤7:创建基准面3。单击 特征 功能选项卡 下的 按钮,选择 基准面 命令,选取"基准面2"作为参考平面,在"基准面"对话框 文本框中输入间距值100。单击 按钮,完成基准面的定义,如图4.97所示。

步骤8:绘制放样截面4。单击 草图 功能选项卡中的草图绘制 草图绘制 按钮,在系统的提示下，选取"基准面 3"作为草图平面，绘制如图 4.98 所示的草图。

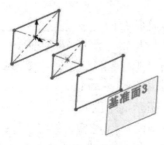
图 4.97　基准面 2

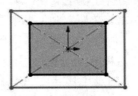
图 4.98　放样截面 4

注意：通过转换实体引用并复制截面 2 中的矩形。

步骤 9：选择命令。单击 特征 功能选项卡中的 放样凸台/基体 按钮，系统会弹出"放样"对话框。

步骤 10：选择放样截面。在绘图区域依次选取放样截面 1、放样截面 2、放样截面 3 及放样截面 4。

注意：在选取截面轮廓时要靠近统一的位置进行选取，保证起点的统一，如图 4.99 所示，如果起点不统一就会出现如图 4.100 所示的扭曲的情况。

步骤 11：完成创建。单击"放样"对话框中的 ✓ 按钮，完成放样的创建，如图 4.91 所示。

图 4.99　起始点统一

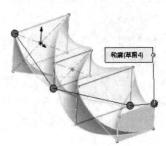
图 4.100　起始点不统一

4.13.3　截面不类似的放样

下面以实现如图 4.101 所示的效果为例，介绍创建截面不类似放样特征的一般过程。

图 4.101　截面不类似放样特征

步骤1：新建模型文件，选择"快速访问工具栏"中的 命令，在系统弹出的"新建 SOLIDWORKS 文件"对话框中选择"零件" ，单击"确定"按钮进入零件建模环境。

步骤2：绘制放样截面 1。单击 草图 功能选项卡中的草图绘制 草图绘制 按钮，在系统的提示下，选取"上视基准面"作为草图平面，绘制如图 4.102 所示的草图。

步骤3：创建基准面1。单击 特征 功能选项卡 下的 按钮，选择 基准面 命令，选取"上视基准面"作为参考平面，在"基准面"对话框 文本框中输入间距值 100。单击 按钮，完成基准面的定义，如图 4.103 所示。

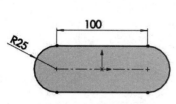
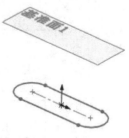

图 4.102　放样截面 1　　　　　　　　图 4.103　基准面 1

步骤4：绘制放样截面 2。单击 草图 功能选项卡中的 草图绘制 按钮，在系统的提示下，选取"基准面 1"作为草图平面，绘制如图 4.104 所示的草图。

步骤5：选择命令。单击 特征 功能选项卡中的 放样凸台/基体 按钮，系统会弹出"放样"对话框。

步骤6：选择放样截面。在绘图区域依次选取放样截面 1 与放样截面 2，效果如图 4.105 所示。

注意：在选取截面轮廓时要靠近统一的位置进行选取，尽量保证起点统一。

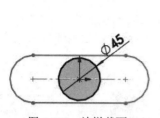
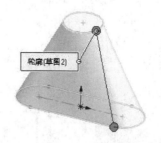

图 4.104　放样截面 2　　　　　　　　图 4.105　放样截面

步骤7：定义开始与结束约束。在"放样"对话框 起始/结束约束(C) 区域的 开始约束(S): 下拉列表中选择 垂直于轮廓 ，在 文本框中输入 0，在 文本框中输入 1；在 结束约束(E): 下拉列表中选择 垂直于轮廓 ，在 文本框中输入 0，在 文本框中输入 1。

步骤8：完成创建。单击"放样"对话框中的 按钮，完成放样的创建，如图 4.101 所示。

4.13.4 带有引导线的放样

引导线的主要作用是控制模型的整体外形轮廓。在 SOLIDWORKS 中添加的引导线应尽量与截面轮廓相交。

下面以如图 4.106 所示的效果为例,介绍创建带有引导线放样特征的一般过程。

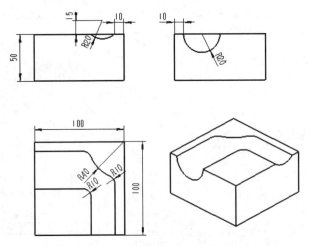

图 4.106　带有引导线的放样特征

步骤 1:新建模型文件,选择"快速访问工具栏"中的 命令,在系统弹出的"新建 SOLIDWORKS 文件"对话框中选择"零件" ,单击"确定"按钮进入零件建模环境。

步骤 2:创建如图 4.107 所示的凸台-拉伸 1。单击 特征 功能选项卡中的 按钮,在系统的提示下选取"上视基准面"作为草图平面,绘制如图 4.108 所示的草图;在"凸台-拉伸"对话框 方向1(1) 区域的下拉列表中选择 给定深度 ,输入深度值 50;单击 ✓ 按钮,完成凸台-拉伸 1 的创建。

步骤 3:绘制放样截面 1。单击 草图 功能选项卡中的草图绘制 草图绘制 按钮,在系统的提示下,选取如图 4.109 所示的模型表面作为草图平面,绘制如图 4.110 所示的草图。

　　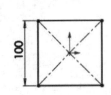　　　　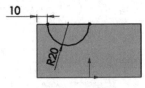

图 4.107　凸台-拉伸 1　　图 4.108　截面草图　　图 4.109　草图平面　　图 4.110　放样截面 1

步骤 4:绘制放样截面 2。单击 草图 功能选项卡中的草图绘制 草图绘制 按钮,在系统的提示下,选取如图 4.111 所示的模型表面作为草图平面,绘制如图 4.112 所示的草图。

步骤 5:绘制放样引导线 1。单击 草图 功能选项卡中的 草图绘制 按钮,在系统的提示下,选取如图 4.113 所示的模型表面作为草图平面,绘制如图 4.114 所示的草图。

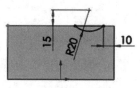

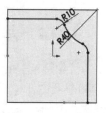

图 4.111　草图平面　　　图 4.112　放样截面 2　　　图 4.113　草图平面　　　图 4.114　放样引导线 1

注意：放样引导线 1 与放样截面在如图 4.115 所示的位置需要添加重合约束。

步骤 6：绘制放样引导线 2。单击 草图 功能选项卡中的 草图绘制 按钮,在系统的提示下,选取如图 4.113 所示的模型表面作为草图平面,绘制如图 4.116 所示的草图。

注意：放样引导线 2 与放样截面在如图 4.117 所示的位置需要添加重合约束。

步骤 7：选择命令。单击 特征 功能选项卡中的 放样切除 按钮,系统会弹出"切除放样"对话框。

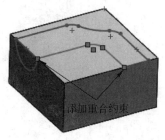

图 4.115　引导线与截面位置　　　图 4.116　放样引导线 2　　　图 4.117　引导线与截面位置

步骤 8：选择放样截面。在绘图区域依次选取放样截面 1 与放样截面 2,效果如图 4.118 所示(注意起始位置的控制)。

步骤 9：定义放样引导线。首先在"切除放样"对话框中激活 引导线(G) 区域的文本框,然后在绘图区域中依次选取引导线 1 与引导线 2,效果如图 4.119 所示。

步骤 10：完成创建。单击"切除放样"对话框中的 ✓ 按钮,完成切除放样的创建,如图 4.120 所示。

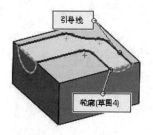

图 4.118　放样截面　　　图 4.119　放样引导线　　　图 4.120　切除放样

4.14 镜像特征

4.14.1 基本概述

镜像特征是指将用户所选的源对象相对于某个镜像中心平面进行对称复制,从而得到源对象的一个副本。通过对概念的学习可以总结得到,要想创建镜像特征就需要有两大要素作为支持:一是源对象;二是镜像中心平面。

说明:镜像特征的源对象可以是单个特征、多个特征或者体;镜像特征的镜像中心平面可以是系统默认的 3 个基准平面、现有模型的平面表面或者自己创建的基准平面。

4min

4.14.2 镜像特征的一般操作过程

下面以实现如图 4.121 所示的效果为例,具体介绍创建镜像特征的一般过程。

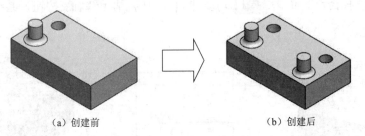

图 4.121 镜像特征

步骤 1:打开文件 D:\SOLIDWORKS 认证考试\work\ch04.14\镜像 01-ex.SLDPRT。

步骤 2:选择命令。单击 特征 功能选项卡中的 镜像 按钮,系统会弹出"镜像"对话框。

步骤 3:选择镜像中心平面。在设计树中选取"右视基准面"作为镜像中心平面。

步骤 4:选择要镜像的特征。在设计树或者绘图区选取"凸台-拉伸 2""圆角 1"及"切除-拉伸 1"作为要镜像的特征。

步骤 5:完成创建。单击"镜像"对话框中的 ✓ 按钮,完成镜像特征的创建,如图 4.121(b)所示。

说明:镜像后的源对象的副本与源对象之间是有关联的,也就是说当源对象发生变化时,镜像后的副本也会相应地发生变化。

5min

4.14.3 镜像体的一般操作过程

下面以实现如图 4.122 所示的效果为例,介绍创建镜像体的一般过程。

步骤 1:打开文件 D:\SOLIDWORKS 认证考试\work\ch04.14\镜像 02-ex.SLDPRT。

步骤 2:选择命令。单击 特征 功能选项卡中的 镜像 按钮,系统会弹出"镜像"对话框。

第4章 SOLIDWORKS零件设计 87

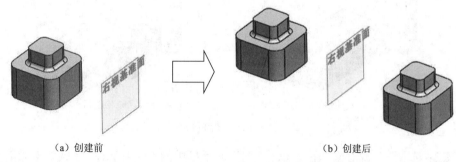

(a) 创建前　　　　　　　　　　　　　　(b) 创建后

图 4.122　镜像体

步骤3：选择镜像中心平面。选取"右视基准面"作为镜像中心平面。

步骤4：选择要镜像的体。首先在"镜像"对话框中激活 要镜像的实体(B) 区域，然后在绘图区域选取整个实体作为要镜像的对象。

步骤5：定义镜像选项。在"镜像"对话框中的 选项(O) 区域中取消选中 □合并实体(R) 单选项。

步骤6：完成创建。单击"镜像"对话框中的 ✓ 按钮，完成镜像特征的创建，如图 4.122 所示。

4.15　阵列特征

4.15.1　基本概述

阵列特征主要用来快速地得到源对象的多个副本。接下来就通过对比镜像特征和阵列特征之间的相同与不同之处来理解阵列特征的基本概念，首先总结相同之处：第一点是它们的作用，这两个特征都用来得到源对象的副本，因此在作用上是相同的；第二点是所需要的源对象，我们都知道镜像特征的源对象可以是单个特征、多个特征或者体，同样地，阵列特征的源对象也是如此。接下来总结不同之处：第一点，镜像是由一个源对象镜像复制得到一个副本，这是镜像的特点，而阵列是由一个源对象快速地得到多个副本；第二点是由镜像所得到的源对象的副本与源对象之间是关于镜像中心面对称的，而阵列所得到的多个副本，软件根据不同的排列规律向用户提供了多种不同的阵列方法，这其中就包括线性阵列、圆周阵列、曲线驱动阵列、草图驱动阵列、填充阵列及表格阵列等。

4.15.2　线性阵列

下面以实现如图 4.123 所示的效果为例，介绍创建线性阵列的一般过程。

步骤1：打开文件 D:\SOLIDWORKS 认证考试\work\ch04.15\线性阵列-ex.SLDPRT。

步骤2：选择命令。单击 特征 功能选项卡 below 下的 ▼ 按钮，选择 线性阵列 命令，系统会弹出"线性阵列"对话框。

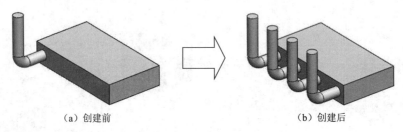

(a) 创建前 　　　　　　　　(b) 创建后

图 4.123　线性阵列

步骤 3：选取阵列源对象。在"线性阵列"对话框中的 ☑特征和面(F) 区域单击激活 🔘 后的文本框，选取如图 4.124 所示的扫描特征作为阵列的源对象。

步骤 4：选取阵列参数。在"线性阵列"对话框中激活 方向 1(1) 区域中 ↗ 后的文本框，选取如图 4.124 所示的边线（靠近左侧位置来选取），在 📏 文本框中输入间距 30，在 #️⃣ 文本框中输入数量 4。

步骤 5：完成创建。单击"线性阵列"对话框中的 ✔ 按钮，完成线性阵列的创建，如图 4.123 所示。

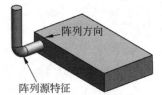

图 4.124　阵列参数

4.15.3　圆周阵列

下面以实现如图 4.125 所示的效果为例，介绍创建圆周阵列的一般过程。

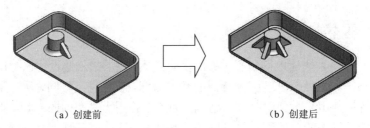

(a) 创建前 　　　　　　　　(b) 创建后

图 4.125　圆周阵列

步骤 1：打开文件 D:\SOLIDWORKS 认证考试\work\ch04.15\圆周阵列-ex.SLDPRT。

步骤 2：选择命令。单击 特征 功能选项卡 🔀 下的 ▼ 按钮，选择 🔄 圆周阵列 命令，系统会弹出"圆周阵列"对话框。

步骤 3：选取阵列源对象。在"圆周阵列"对话框中的 ☑特征和面(F) 区域单击激活 🔘 后的文本框，选取如图 4.126 所示加强筋特征作为阵列的源对象。

步骤 4：选取阵列参数。在"圆周阵列"对话框中激活"参数"区域中 🔄 后的文本框，选取如图 4.126 所示的圆柱面（系统会自动选取圆柱面的中心轴作为圆周阵列的中心轴），选中 ⦿等间距 复选项，在 📐 文本框中输入间距

图 4.126　阵列参数

360，在 ❋ 文本框中输入数量 5。

步骤 5：完成创建。单击"圆周阵列"对话框中的 ✓ 按钮，完成圆周阵列的创建，如图 4.125 所示。

4.15.4 曲线驱动阵列

4min

下面以实现如图 4.127 所示的效果为例，介绍创建曲线驱动阵列的一般过程。

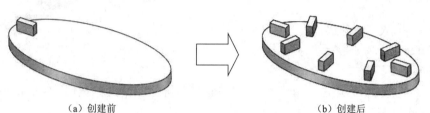

图 4.127　曲线驱动阵列

步骤 1：打开文件 D:\SOLIDWORKS 认证考试\work\ch04.15\曲线阵列-ex.SLDPRT。

步骤 2：选择命令。单击 特征 功能选项卡 𐂷 下的 ▼ 按钮，选择 𐂷 曲线驱动的阵列 命令，系统会弹出"曲线驱动的阵列"对话框。

步骤 3：选取阵列源对象。在"曲线驱动的阵列"对话框中的 ☑ 特征和面(F) 区域单击激活 🗐 后的文本框，选取如图 4.128 所示长方体作为阵列的源对象。

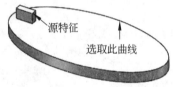

图 4.128　阵列参数

步骤 4：选取阵列参数。在"曲线驱动的阵列"对话框中激活 方向 1(1) 区域中 ↗ 后的文本框，选取如图 4.128 所示的边界曲线，在 #️⃣ 文本框中输入实例数 8，选中 ☑ 等间距 复选项，在 曲线方法 中选中 ⦿ 等距曲线(O)，在 对齐方法 中选中 ⦿ 与曲线相切(T)。

步骤 5：完成创建。单击"曲线驱动的阵列"对话框中的 ✓ 按钮，完成曲线驱动阵列的创建，如图 4.127 所示。

4.15.5 草图驱动阵列

3min

下面以实现如图 4.129 所示的效果为例，介绍创建草图驱动阵列的一般过程。

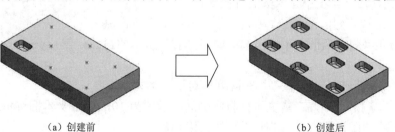

图 4.129　草图驱动阵列

步骤 1：打开文件 D:\SOLIDWORKS 认证考试\work\ch04.15\草图阵列-ex.SLDPRT。

步骤 2：选择命令。单击 特征 功能选项卡 下的 按钮，选择 草图驱动的阵列 命令，系统会弹出"由草图驱动的阵列"对话框。

步骤 3：选取阵列源对象。在"由草图驱动的阵列"对话框中的 特征和面(F) 区域单击激活 后的文本框，在设计树中选取"切除-拉伸 1""圆角 1"及"圆角 2"作为阵列的源对象。

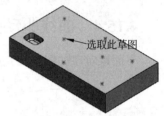

图 4.130 阵列参数

步骤 4：选取阵列参数。在"由草图驱动的阵列"对话框中激活 选择(S) 区域中 后的文本框，选取如图 4.130 所示的草图，在 参考点 下选取 重心(C) 。

步骤 5：完成创建。单击"由草图驱动的阵列"对话框中的 按钮，完成草图驱动阵列的创建，如图 4.129 所示。

4.15.6 填充阵列

下面以实现如图 4.131 所示的效果为例，介绍创建填充阵列的一般过程。

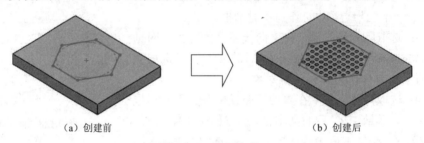

(a) 创建前　　　　　　　　　　　　(b) 创建后

图 4.131 填充阵列

步骤 1：打开文件 D:\SOLIDWORKS 认证考试\work\ch04.15\填充阵列-ex.SLDPRT。

步骤 2：选择命令。单击 特征 功能选项卡 下的 按钮，选择 填充阵列 命令，系统会弹出"填充阵列"对话框。

步骤 3：定义阵列源对象。在"填充阵列"对话框中的 特征和面(F) 区域选中 生成源切(C) 单选项，将源切类型设置为"圆"，在 文本框中输入圆的直径 6。

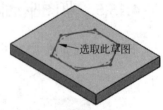

图 4.132 阵列边界

步骤 4：选取阵列边界。在"填充阵列"对话框中单击激活 填充边界(L) 区域 后的文本框，选取如图 4.132 所示的封闭草图。

步骤 5：选取阵列参数。在"填充阵列"对话框 阵列布局(O) 区域中选中"穿孔"，在 文本框将实例间距设置为 10，在 文本框将角度设置为 0，在 文本框将边距设置为 0，其他参数均采用默认。

步骤 6：完成创建。单击"填充阵列"对话框中的 按钮，完成填充阵列的创建，如

图 4.131 所示。

4.16 系列零件设计专题

4.16.1 基本概述

系列零件是指结构形状类似但尺寸不同的一类零件。对于这类零件，如果还是采用传统的方式单个重复建模，则非常影响设计效率，因此软件向用户提供了一种设计系列零件的方法，可以结合配置功能快速地设计系列零件。

4.16.2 系列零件设计的一般操作过程

本节以实现如图 4.133 所示的效果为例，介绍创建系列零件（轴承压盖）的一般过程。

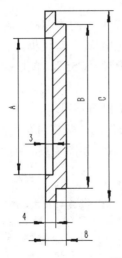

	A	B	C
1	50	60	70
2	40	50	55
3	20	30	35
4	10	20	30

图 4.133 系列零件设计

步骤 1：新建模型文件，选择"快速访问工具栏"中的 命令，在系统弹出的"新建 SOLIDWORKS 文件"对话框中选择"零件" ，单击"确定"按钮进入零件建模环境。

步骤 2：创建旋转特征。单击 特征 功能选项卡中的旋转凸台基体 按钮，在系统"选择一基准面来绘制特征横截面"的提示下，选取"前视基准面"作为草图平面，进入草图环境，绘制如图 4.134 所示的草图，选中尺寸 50，在"尺寸"对话框 主要值(V) 区域的名称文本框中输入 A，如图 4.135 所示，采用相同的方法，分别将尺寸 60 与 70 的名称设置为 B 与 C，在"旋转"对话框 方向 1(1) 区域的 文本框中输入 360，单击 按钮，完成旋转特征的创建，如图 4.136 所示。

步骤 3：修改默认配置。在设计树中单击 节点，系统会弹出配置窗口，在配置窗口中右击"默认"配置，选择属性命令，系统会弹出"配置属性"对话框，在 配置名称(N): 文本框中输入"规格1",在 说明(D): 文本框中输入"A50 B60 C70",单击 ✓ 按钮,完成默认配置的修改。

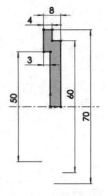

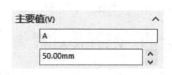

图 4.134 截面轮廓　　　　　图 4.135 主要值区域　　　　　图 4.136 旋转特征

步骤4:添加新配置。在配置窗口中右击如图 4.137 所示的"零件5 配置",在系统弹出的快捷菜单中选择 [添加配置...(A)],系统会弹出"添加配置"对话框,在 配置名称(N): 文本框中输入"规格2",在 说明(D): 文本框中输入"A40 B50 C55",单击 ✓ 按钮,完成配置的添加。

说明:零件5 配置的名称会随着当前模型名称的不同而不同。

步骤5:添加其他配置。参考步骤4 添加"规格3"与"规格4"配置,配置说明分别为"A20 B30 C35"与"A10 B20 C30",添加完成后如图 4.138 所示。

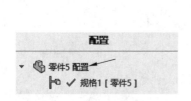

图 4.137 添加新配置　　　　　　　　　图 4.138 添加其他配置

步骤6:显示所有特征尺寸。在"配置"窗口中单击 节点,右击设计树节点下的 ▶ [A 注解],选中 ✓ 显示特征尺寸(C) 与 ✓ 显示注解(B),此时图形区将显示模型中的所有尺寸,如图 4.139 所示。

步骤7:添加到配置尺寸并修改。首先在图形区右击尺寸"Φ50",选择 [配置尺寸(I)] 命令,系统会弹出"修改配置"对话框,然后在绘图区继续双击尺寸"Φ60"与"Φ70",此时系统会自动将尺寸"Φ60"与"Φ70"添加到配置尺寸中,在配置尺寸对话框中将尺寸修改至最终值,如图 4.140 所示,单击"确定"按钮,完成尺寸的修改。

步骤8:隐藏所有特征尺寸。右击设计树节点下的 ▶ [A 注解],取消选中 显示注解(B) 与 显示特征尺寸(C),此时图形区将隐藏模型中的所有尺寸。

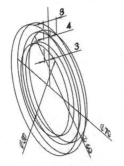
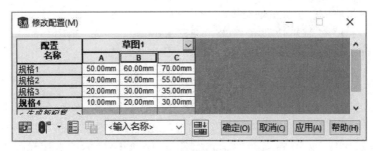

图 4.139　显示特征尺寸　　　　图 4.140　"修改配置"对话框

步骤 9：验证配置。在设计树中单击 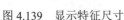 节点，系统会弹出配置窗口，在配置列表中双击即可查看配置，如果不同配置的模型尺寸是不同的，则代表配置正确，如图 4.141 所示。

图 4.141　验证配置

4.17　全局变量与方程式

使用全局变量和方程式定义尺寸，可以生成草图、特征、装配中的两个或者多个参数之间的数学关系，使变量（参数）变更后，具有方程式关联的尺寸可以实现自动更新，有助于提高设计思想的传递。

4.17.1　全局变量

7min

全局变量是用户预先定义的变量值，此变量不受模型的影响，模型中的所有参数均可以通过方程式与全局变量建立关联，当全局变量发生变化时，所有引用该变量的参数均会自动更新。

下面以创建如图 4.142 所示的草图为例，介绍利用全局变量控制图形大小与位置的方法。

步骤 1：新建模型文件，选择"快速访问工具栏"中的 命令，在系统弹出的"新建 SOLIDWORKS 文件"对话框中选择"零件" ，单击"确定"按钮进入

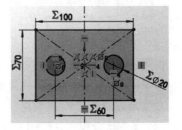

图 4.142　全局变量

零件建模环境。

步骤2：设置全局变量。

（1）选择下拉菜单 工具(T) → ∑ 方程式(Q)... 命令，系统会弹出如图 4.143 所示的"方程式、整体变量及尺寸"对话框。

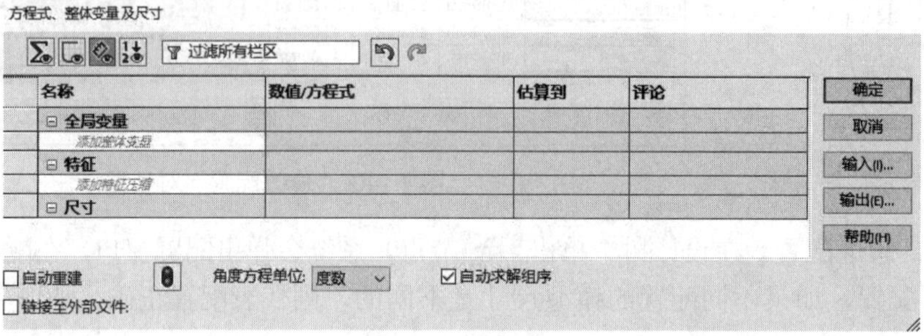

图 4.143 "方程式、整体变量及尺寸"对话框

（2）在"方程式、整体变量及尺寸"对话框"全局变量"区域单击 添加整体变量 ，输入变量名"长度"并按 Enter 键确认，在 数值/方程式 文本框中输入 100 并按 Enter 键确认，完成后如图 4.144 所示。

图 4.144 长度变量

（3）参考步骤（2）的操作完成其他几个全局变量的添加，完成后如图 4.145 所示。

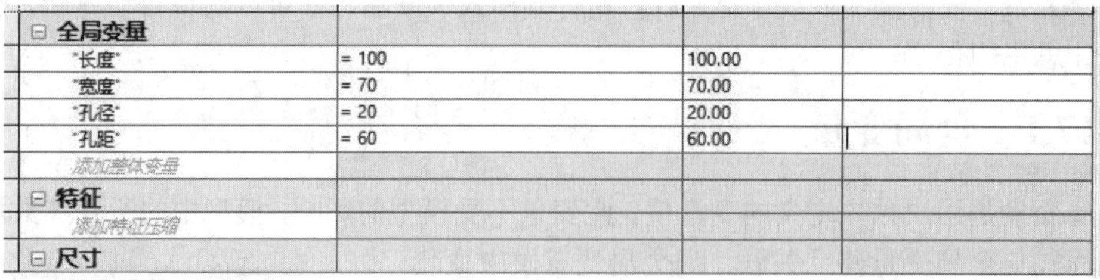

图 4.145 其他几个全局变量

说明：全局变量的名称没有特殊的限制，可以是中文、英文、数字、符号及它们的组合，在参加考试时，题目中会明确变量的名称，如图 4.146 所示，读者需要根据题目要求输入名称以方便后期进行修改及调整。

（4）单击"方程式、整体变量及尺寸"对话框中的 确定 按钮完成全局变量的定义。

说明：全局变量定义完成后，在设计树方程式节点下即可查看创建成功的全局变量，如

图 4.147 所示，如果需要对变量进行编辑修改，则可以在任意一个变量上右击，在弹出的快捷菜单中选择 管理方程式...(A) 即可进入管理界面进行修改。

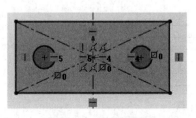

图 4.146 题目全局变量要求

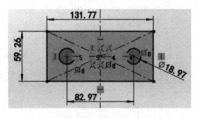

图 4.147 设计树中的变量

步骤 3：绘制草图。单击 草图 功能选项卡中的 草图绘制 按钮，在系统的提示下，选取"上视基准面"作为草图平面，绘制如图 4.148 所示的草图，利用智能尺寸功能标注如图 4.149 所示的尺寸，双击矩形的长度，在系统弹出的"修改"对话框"距离"文本框中输入"="后，在弹出的快捷菜单中依次选择"全局变量"→"长度"，如图 4.150 所示。单击 ✓ 完成长度的修改，采用相同方法修改其他尺寸，完成后如图 4.151 所示，最后退出草图环境即可。

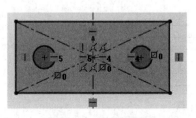

图 4.148 绘制图形

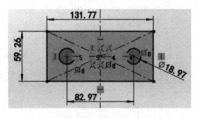

图 4.149 标注尺寸

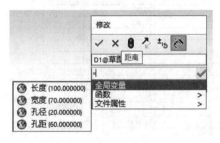

图 4.150 选择变量

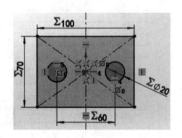

图 4.151 标注尺寸

步骤4：验证关联性。选择下拉菜单 工具(T) → ∑ 方程式(Q)... 命令，在"方程式、整体变量及尺寸"对话框将长度修改为130，将宽度修改为100，将孔径修改为25，将孔距修改为70，修改完成后单击 确定 完成调整，编辑定义草图，查看草图的最新结果，如图4.152所示。

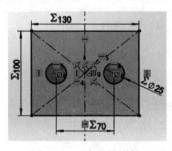

图 4.152　验证关联性

4.17.2　方程式

在SOLIDWORKS中可以利用方程式创建尺寸与变量、尺寸与尺寸之间的关系，用户可以为草图、特征或者配合尺寸指定方程式，全局变量与方程式可以在同一个方程式中同时使用，如果需对某个参数添加方程式，则可以双击该尺寸，在系统弹出的"修改"对话框中的"修改"文本框中输入"="后输入方程式即可。

在SOLIDWORKS中方程式支持基本的四则运算，如图4.153所示，也可以直接选取全局变量中的参数，如图4.154所示；支持常用的函数、常量与判断语句，具体支持的类型可参考表4.1；支持将文件属性中的属性数值被方程式引用，例如常见的质量、表面积、密度等；支持测量的数据被方程式引用，当选择测量选项时，系统会自动切换到测量状态，测量后的结果会自动出现在方程式中。

"A"	= 90	90.00
"B"	= 30	30.00
"C"	= 120	120.00
"X"	= "A" + 20	110.00
"Y"	= "C" - 40	80.00

图 4.153　基本数学运算

全局变量		
"A"	= 90	90.00
"B"	= 30	30.00
"C"	= 120	120.00
"X"	= "A" + 20	110.00
"Y"	= "C" - 40	80.00
添加整体变量		
特征		
添加特征压缩		
尺寸		
D1@凸台-拉伸1	= "A" + "B"	120mm

图 4.154　全局变量

表 4.1 支持对象

序号	符号	名称	说明	序号	符号	名称	说明
1	Sin()	正弦函数	根据角度值,返回正弦值	11	Arccotan()	反余切函数	根据余割值,返回角度值
2	Cos()	余弦函数	根据角度值,返回余弦值	12	Abs()	绝对值	返回绝对值
3	Tan()	正切函数	根据角度值,返回正切值	13	Exp()	指数	返回 e 的指定次方
4	Sec()	正割函数	根据角度值,返回正割值	14	Log()	对数	返回以 e 为底数的自然对数
5	Cosec()	余割函数	根据角度值,返回余割值	15	Sqr()	平方根	返回平方根
6	Cotan()	余切函数	根据角度值,返回余切值	16	Int()	整数	返回整数值
7	Arcsin()	反正弦函数	根据正弦值,返回角度值	17	Sgn()	符号	返回符号为-1 或者 1
8	Arccos()	反余弦函数	根据余弦值,返回角度值	18	If()	IF 函数	判断语句
9	Atn()	反正切函数	根据正切值,返回角度值	19	PI	圆周率	圆周率 3.14…
10	Arcsec()	反正割函数	根据正割值,返回角度值				

下面以创建如图 4.155 所示的模型为例,介绍利用方程式控制模型大小的方法。

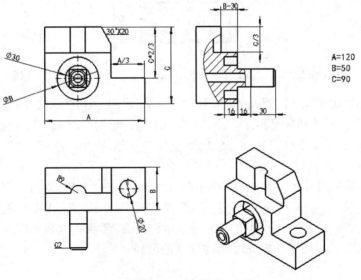

图 4.155 方程式

步骤1：新建模型文件，选择"快速访问工具栏"中的 命令，在系统弹出的"新建SOLIDWORKS 文件"对话框中选择"零件" ，单击"确定"按钮进入零件建模环境。

步骤2：设置全局变量。选择下拉菜单 工具(T) → ∑ 方程式(Q)... 命令，在"方程式、整体变量及尺寸"对话框中添加 A、B、C 变量，它们的值分别为 120、50、90，完成后如图 4.156 所示。

全局变量		
"A"	= 120	120.000000
"B"	= 50	50.000000
"C"	= 90	90.000000
添加整体变量		

图 4.156 全局变量

步骤3：创建如图 4.157 所示的凸台-拉伸 1。单击 特征 功能选项卡中的 按钮，在系统的提示下选取"上视基准面"作为草图平面，绘制如图 4.158 所示的截面草图（长度=A，宽度=B）；在"凸台-拉伸"对话框 方向1(1) 区域的下拉列表中选择 给定深度 ，输入的深度值为全局变量 C；单击 ✔ 按钮，完成凸台-拉伸 1 的创建。

步骤4：创建如图 4.159 所示的切除-拉伸 1。单击 特征 功能选项卡中的 按钮，在系统的提示下选取如图 4.159 所示的平面作为草图平面，绘制如图 4.160 所示的截面草图（矩形长度=A/3，矩形宽度=C*2/3）；在"切除-拉伸"对话框 方向1(1) 区域的下拉列表中选择 完全贯穿 ；单击 ✔ 按钮，完成切除-拉伸 1 的创建。

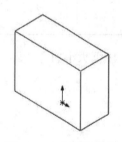

图 4.157 凸台-拉伸 1

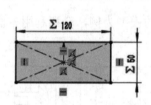

图 4.158 截面草图

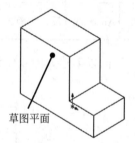

图 4.159 切除-拉伸 1

步骤5：创建如图 4.161 所示的切除-拉伸 2。单击 特征 功能选项卡中的 按钮，在系统的提示下选取如图 4.161 所示的平面作为草图平面，绘制如图 4.162 所示的截面草图（矩形长度=B−30，矩形宽度=C/3）；在"切除-拉伸"对话框 方向1(1) 区域的下拉列表中选择 完全贯穿 ；单击 ✔ 按钮，完成切除-拉伸 2 的创建。

步骤6：创建如图 4.163 所示的切除-拉伸 3。单击 特征 功能选项卡中的 按钮，在系统的提示下选取如图 4.163 所示的平面作为草图平面，绘制如图 4.164 所示的截面草图；在"切除-拉伸"对话框 方向1(1) 区域的下拉列表中选择 成形到面 ，选取如图 4.163 所示的终止面作为参考；单击 ✔ 按钮，完成切除-拉伸 3 的创建。

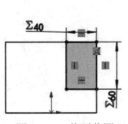 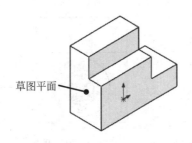 

图 4.160　截面草图　　　　图 4.161　切除-拉伸 2　　　　图 4.162　截面草图

步骤 7：创建如图 4.165 所示的切除-拉伸 4。单击 特征 功能选项卡中的 按钮，在系统的提示下选取如图 4.165 所示的平面作为草图平面，绘制如图 4.166 所示的截面草图（直径=B）；在"切除-拉伸"对话框 方向1(1) 区域的下拉列表中选择 给定深度，深度值为 16；单击 ✓ 按钮，完成切除-拉伸 4 的创建。

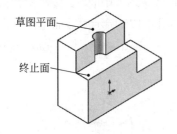 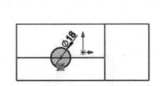 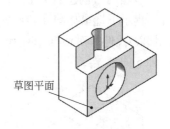

图 4.163　切除-拉伸 3　　　　图 4.164　截面草图　　　　图 4.165　切除-拉伸 4

步骤 8：创建如图 4.167 所示的凸台-拉伸 2。单击 特征 功能选项卡中的 按钮，在系统的提示下选取如图 4.167 所示的模型表面作为草图平面，绘制如图 4.168 所示的截面草图（直径=C/3）；在"凸台-拉伸"对话框 方向1(1) 区域的下拉列表中选择 成形到面，选取如图 4.165 所示的终止面作为参考；单击 ✓ 按钮，完成凸台-拉伸 2 的创建。

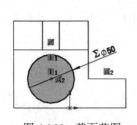 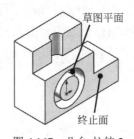 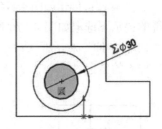

图 4.166　截面草图　　　　图 4.167　凸台-拉伸 2　　　　图 4.168　截面草图

步骤 9：创建如图 4.169 所示的凸台-拉伸 3。单击 特征 功能选项卡中的 按钮，在系统的提示下选取如图 4.169 所示的模型表面作为草图平面，绘制如图 4.170 所示的截面草图；在"凸台-拉伸"对话框 方向1(1) 区域的下拉列表中选择 给定深度，深度值为 16；单击 ✓ 按钮，完成凸台-拉伸 3 的创建。

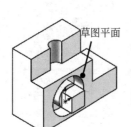
图 4.169 凸台-拉伸 3

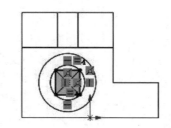
图 4.170 截面草图

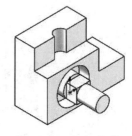
图 4.171 凸台-拉伸 4

步骤 10：创建如图 4.171 所示的凸台-拉伸 4。单击 特征 功能选项卡中的 按钮，在系统的提示下选取如图 4.172 所示的模型表面作为草图平面，绘制如图 4.173 所示的截面草图；在"凸台-拉伸"对话框 方向1(1) 区域的下拉列表中选择 给定深度 ，深度值为 30；单击 ✓ 按钮，完成凸台-拉伸 4 的创建。

步骤 11：创建如图 4.174 所示的切除-拉伸 5。单击 特征 功能选项卡中的 按钮，在系统的提示下选取如图 4.174 所示的平面作为草图平面，绘制如图 4.175 所示的截面草图；在"切除-拉伸"对话框 方向1(1) 区域的下拉列表中选择 完全贯穿 ；单击 ✓ 按钮，完成切除-拉伸 5 的创建。

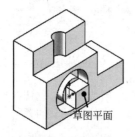
图 4.172 草图平面

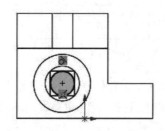
图 4.173 截面草图

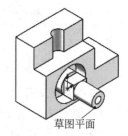
图 4.174 切除-拉伸 5

步骤 12：创建如图 4.176 所示的切除-拉伸 6。单击 特征 功能选项卡中的 按钮，在系统的提示下选取如图 4.176 所示的平面作为草图平面，绘制如图 4.177 所示的截面草图；在"切除-拉伸"对话框 方向1(1) 区域的下拉列表中选择 完全贯穿 ；单击 ✓ 按钮，完成切除-拉伸 6 的创建。

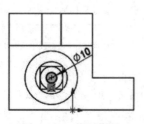
图 4.175 截面草图

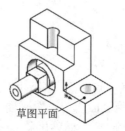
图 4.176 切除-拉伸 6

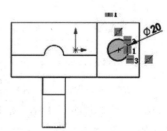
图 4.177 截面草图

步骤13：创建如图4.178所示的倒角1。单击 特征 功能选项卡 下的 按钮，选择 倒角 命令，在"倒角"对话框中选择"角度距离" 单选项，在系统的提示下选取如图4.179所示的边线作为倒角对象，在"倒角"对话框 倒角参数 区域中的 文本框中输入倒角距离值2，在 文本框中输入倒角角度值45，在"倒角"对话框中单击 按钮，完成倒角的定义。

步骤14：创建如图4.180所示的倒角2。单击 特征 功能选项卡 下的 按钮，选择 倒角 命令，在"倒角"对话框中选择 （角度距离），在系统的提示下选取如图4.181所示的边线作为倒角对象，在"倒角"对话框 倒角参数 区域中的 文本框中输入倒角距离值20，在 文本框中输入倒角角度值30，方向如图4.181所示，在"倒角"对话框中单击 按钮，完成倒角的定义。

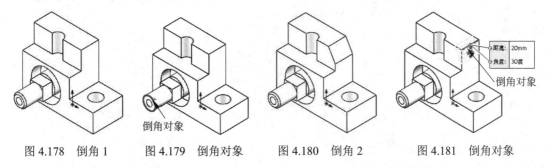

图4.178 倒角1　　　图4.179 倒角对象　　　图4.180 倒角2　　　图4.181 倒角对象

4.18 移动面与删除面

4.18.1 移动面

移动面主要用于调整现有模型中所选面的位置，系统向用户提供了3种移动面的方法。

使用等距类型可以将所选面或者特征面以指定的距离等距移动，如果移动圆柱面，则圆柱半径将变大（如果原始半径为8，等距离为5，则等距后半径为13），如图4.182所示；当选择倒角的端面进行偏移移动时系统默认会根据倒角的斜面进行延伸，如图4.183所示。

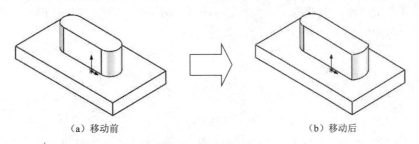

(a) 移动前　　　　　　　　　　(b) 移动后

图4.182 等距类型

使用平移类型可以将所选面或者特征面在所选方向上以指定的距离移动，如果移动圆柱

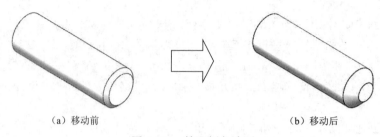

(a) 移动前　　　　　　　　　　　　　　（b) 移动后

图 4.183　等距倒角端面

面,则将在保持圆柱半径不变的情况下移动圆柱面的位置,如图 4.184 所示;当选择倒角的端面进行偏移移动时系统默认会根据倒角的斜面进行延伸,如图 4.183 所示,如果读者想将整个倒角面在不改变斜面大小的情况下整体移动,则可以通过选择倒角面与端面后沿端面的垂直方向平移一定距离,如图 4.185 所示。

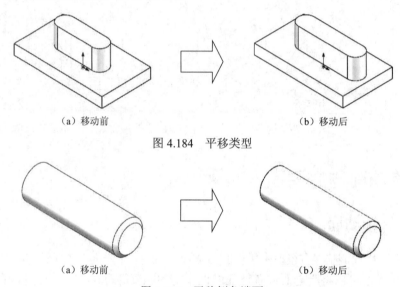

(a) 移动前　　　　　　　　　　　　　　（b) 移动后

图 4.184　平移类型

(a) 移动前　　　　　　　　　　　　　　（b) 移动后

图 4.185　平移倒角端面

使用旋转类型可以将所选面或者特征面绕着所选轴线旋转一定的角度,当选择单个面时,系统会将所选面绕着指定轴旋转一定角度,如图 4.186 所示;当选择特征面时,系统会将所选特征面绕着指定轴旋转一定角度,如图 4.187 所示。

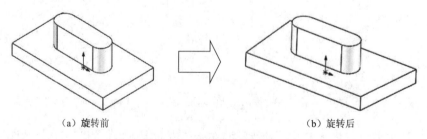

(a) 旋转前　　　　　　　　　　　　　　（b) 旋转后

图 4.186　旋转单个面(1)

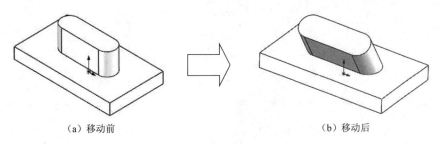

(a) 移动前　　　　　　　　　　　　　(b) 移动后

图 4.187　旋转特征面（2）

4.18.2　删除面

6min

通过删除面可以将现有实体中的面删除，利用此功能既可以将一个实体模型更改为一个曲面，也可以删除模型中的局部结构，在 CSWP 考试的模型修改题目中使用概率极高。

用户在执行 删除面 命令后，系统会弹出如图 4.188 所示的"删除面"对话框，选项中的 3 个选项可以确定删除后的结果，当选择 删除 选项时，用于从曲面实体删除选定面，或者从实体中删除一个或者多个面，从而形成曲面，如图 4.189 所示。

图 4.188　"删除"对话框

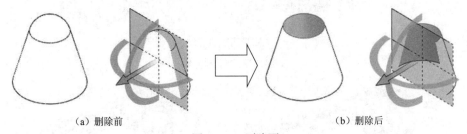

(a) 删除前　　　　　　　　　　　　　(b) 删除后

图 4.189　删除面

当选择 删除并修补 选项时，用于从曲面实体或实体中删除一个或者多个面，并自动通过延伸的方式修补缺失的曲面，如图 4.190 所示。

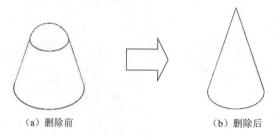

(a)删除前　　　　　　　　　(b)删除后

图 4.190　删除并修补

当选择 ◉ 删除并填补 选项时,用于从曲面实体或实体中删除一个或者多个面,并自动通过相切的方式创建曲面以填补缺失区域,如图 4.191 所示。

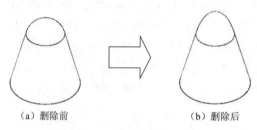

(a)删除前　　　　　　　　　(b)删除后

图 4.191　删除并填补

下面通过一个简单的案例介绍删除面在修改模型时的具体使用方法,修改要求:①原始模型为等壁厚的结构,需要将其修改为圆孔与外壁壁厚为 1,内部不规则除料壁厚为 3,如图 4.192 所示;②原始模型中模型内部底部一圈包含圆角,需要将其修改为无圆角效果,如图 4.193 所示。

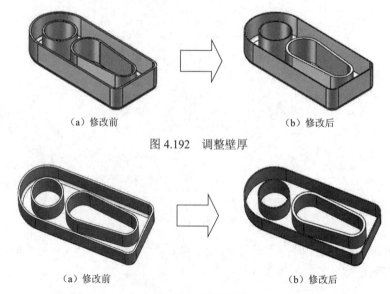

(a)修改前　　　　　　　　　(b)修改后

图 4.192　调整壁厚

(a)修改前　　　　　　　　　(b)修改后

图 4.193　删除圆角

步骤1：打开文件 D:\SOLIDWORKS 认证考试\work\ch04.18\删除面-ex.STEP。

步骤2：选择命令。单击 曲面 功能选项卡中的 删除面 按钮，系统会弹出"删除面"对话框。

步骤3：选择要删除的面。选取模型内部所有的面作为要删除的面（共计18个）。

步骤4：设置删除选项。在"删除面"对话框"选项"区域选中 删除并修补 选项。

步骤5：完成操作。在"删除面"对话框中单击 ✓ 按钮完成删除面操作，效果如图4.194所示。

步骤6：创建如图4.195所示的抽壳特征。单击 特征 功能选项卡中的 抽壳 按钮，选取模型上表面作为移除面，在"抽壳"对话框的 参数(P) 区域的"厚度" 文本框中输入1，激活 多厚度设定(M) 区域，在"多厚度"文本框中输入厚度值3，选取内部的4个不规则的切除侧面作为参考面，单击 ✓ 按钮，完成抽壳特征的创建。

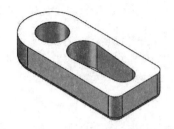
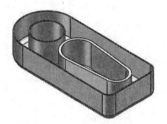

图 4.194　删除面　　　　　　　　图 4.195　抽壳特征

步骤7：选择命令。单击 曲面 功能选项卡中的 删除面 按钮，系统会弹出"删除面"对话框。

步骤8：选择要删除的面。选取模型内部底部的圆角面作为要删除的面（共计6个）。

步骤9：设置删除选项。在"删除面"对话框"选项"区域选中 删除并修补 选项。

步骤10：完成操作。在"删除面"对话框中单击 ✓ 按钮完成删除面操作，效果如图4.193（b）所示。

4.19　SOLIDWORKS 认证考试练习

12min

在 SOLIDWORKS 中根据如图4.196所示的图纸创建零件，使用单位 MMGS，零件原点无要求，未注的孔均为通孔，A=100，B=45，C=52。

步骤1：新建模型文件，选择"快速访问工具栏"中的 命令，在系统弹出的"新建 SOLIDWORKS 文件"对话框中选择"零件" ，单击"确定"按钮进入零件建模环境。

步骤2：设置全局变量。选择下拉菜单 工具(T) → ∑ 方程式(Q)... 命令，在"方程式、整体变量及尺寸"对话框中添加 A、B、C 变量，它们的值分别为100、45、50，完成后如图4.197所示。

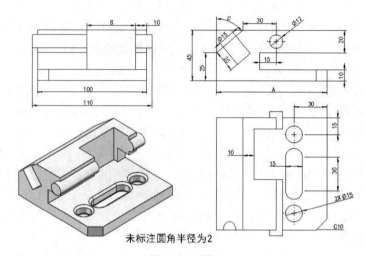

图 4.196 练习

全局变量		
"A"	= 100	100.000000
"B"	= 45	45.000000
"C"	= 50	50.000000

图 4.197 全局变量

步骤 3：创建如图 4.198 所示的凸台-拉伸 1。单击 特征 功能选项卡中的 按钮，在系统的提示下选取"前视基准面"作为草图平面，绘制如图 4.199 所示的截面草图（总长尺寸=A，角度尺寸=C）；在"凸台-拉伸"对话框 方向1(1) 区域的下拉列表中选择 两侧对称，输入深度值 100；单击 按钮，完成凸台-拉伸 1 的创建。

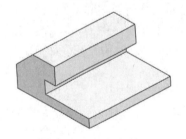

图 4.198 凸台-拉伸 1

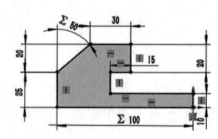

图 4.199 截面草图

步骤 4：创建如图 4.200 所示的凸台-拉伸 2。单击 特征 功能选项卡中的 按钮，在系统的提示下选取"前视基准面"作为草图平面，绘制如图 4.201 所示的截面草图；在"凸台-拉伸"对话框 方向1(1) 区域的下拉列表中选择 两侧对称，输入深度值 110；单击 按钮，完成凸台-拉伸 2 的创建。

步骤 5：创建如图 4.202 所示的切除-拉伸 1。单击 特征 功能选项卡中的 按钮，在系统的提示下选取如图 4.202 所示的平面作为草图平面，绘制如图 4.203 所示的截面草图（矩形宽度=B）；在"切除-拉伸"对话框 方向1(1) 区域的下拉列表中选择 成形到面，选取如

图 4.202 所示的终止面作为参考；单击 ✓ 按钮，完成切除-拉伸 1 的创建。

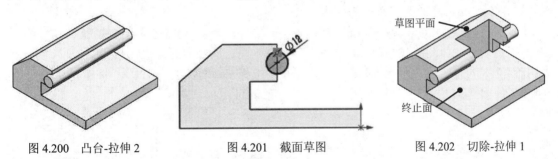

图 4.200　凸台-拉伸 2　　　　图 4.201　截面草图　　　　图 4.202　切除-拉伸 1

步骤 6：创建如图 4.204 所示的切除-拉伸 2。单击 特征 功能选项卡中的 ▣ 按钮，在系统的提示下选取如图 4.204 所示的平面作为草图平面，绘制如图 4.205 所示的截面草图；在"凸台-拉伸"对话框 方向1(1) 区域的下拉列表中选择 给定深度，输入深度值 20；单击 ✓ 按钮，完成切除-拉伸 2 的创建。

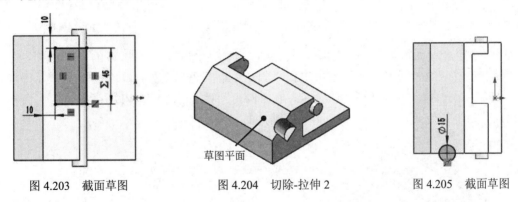

图 4.203　截面草图　　　　图 4.204　切除-拉伸 2　　　　图 4.205　截面草图

步骤 7：创建如图 4.206 所示的切除-拉伸 3。单击 特征 功能选项卡中的 ▣ 按钮，在系统的提示下选取如图 4.206 所示的平面作为草图平面，绘制如图 4.207 所示的截面草图；在"切除-拉伸"对话框 方向1(1) 区域的下拉列表中选择 完全贯穿 ；单击 ✓ 按钮，完成切除-拉伸 3 的创建。

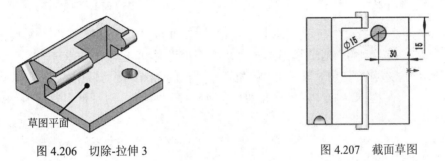

图 4.206　切除-拉伸 3　　　　图 4.207　截面草图

步骤 8：创建如图 4.208 所示的镜像 1。选择 特征 功能选项卡中的 镜像 命令，选取"前视基准面"作为镜像中心平面,选取"切除-拉伸 3"作为要镜像的特征,单击"镜像"对话框中的 ✓ 按钮,完成镜像特征的创建。

步骤9:创建如图 4.209 所示的切除-拉伸 4。单击 特征 功能选项卡中的 按钮,在系统的提示下选取如图 4.209 所示的平面作为草图平面,绘制如图 4.210 所示的截面草图;在"切除-拉伸"对话框 方向1(1) 区域的下拉列表中选择 完全贯穿 ;单击 ✓ 按钮,完成切除-拉伸 4 的创建。

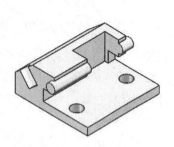
图 4.208 镜像 1

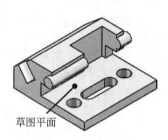
图 4.209 切除-拉伸 4

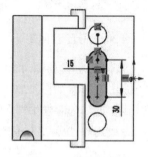
图 4.210 截面草图

步骤10:创建如图 4.211 所示的圆角 1。单击 特征 功能选项卡 下的 按钮,选择 圆角 命令,在"圆角"对话框中选择"固定大小圆角" 类型,在系统的提示下选取如图 4.212 所示的 6 条边链作为圆角对象,在"圆角"对话框的 圆角参数 区域中的 文本框中输入圆角半径值 2,单击 ✓ 按钮,完成圆角的定义。

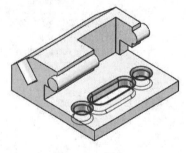
图 4.211 圆角 1

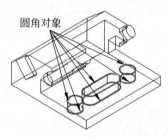
图 4.212 圆角对象

步骤11:创建如图 4.213 所示的倒角 1。单击 特征 功能选项卡 下的 按钮,选择 倒角 命令,在"倒角"对话框中选择"角度距离" 单选项,在系统的提示下选取如图 4.214 所示的边线作为倒角对象,在"倒角"对话框的 倒角参数 区域中的 文本框中输入倒角距离值 10,在 文本框中输入倒角角度值 45,在"倒角"对话框中单击 ✓ 按钮,完成倒角的定义。

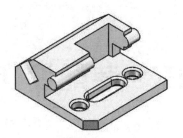

图 4.213 倒角 1

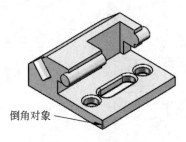

图 4.214 倒角对象

第 5 章 SOLIDWORKS 装配设计

5.1 装配设计概述

在实际产品的设计过程中，零件设计只是一个最基础的环节，一个完整的产品都是由许多零件组装而成的，只有将各个零件按照设计和使用的要求组装到一起，才能形成一个完整的产品，才能直观地表达出设计意图。装配的作用如下：

（1）模拟真实产品组装，优化装配工艺。

零件的装配处于产品制造的最后阶段，产品最终的质量一般通过装配来得到保证和检验，因此，零件的装配设计是决定产品质量的关键环节。研究制定合理的装配工艺，采用有效的保证装配精度的装配方法，对进一步提高产品质量有十分重要的意义。SOLIDWORKS 的装配模块能够模拟产品的实际装配过程。

（2）得到产品的完整数字模型，易于观察。

（3）检查装配体中各零件之间的干涉情况。

（4）制作爆炸视图辅助实际产品进行组装。

（5）制作装配体工程图。

装配一般有两种方式：自顶向下装配和自下向顶装配。自下向顶设计是一种从局部到整体的设计方法，采用此方法设计产品的思路是：先创建零部件，然后将零部件插入装配体文件中进行组装，从而得到整个装配体。这种方法在零件之间不存在任何参数关联，仅仅存在简单的装配关系；自顶向下设计是一种从整体到局部的设计方法，采用此方法设计产品的思路是：首先，创建一个反映装配体整体构架的一级控件，所谓控件就是控制元件，用于控制模型的外观及尺寸等，在设计中起承上启下的作用，最高级别称为一级控件，其次，根据一级控件来分配各个零件间的位置关系和结构，据分配好零件间的关系，完成各零件的设计。

装配中的相关术语及概念如下：

（1）零件：组成部件与产品的最基本单元。

（2）部件：既可以是零件，也可以是多个零件组成的子装配，它是组成产品的主要单元。

（3）配合：在装配过程中，配合是用来控制零部件与零部件之间的相对位置的，起到定位的作用。

(4)装配体：也称为产品，是装配的最终结果，它是由零部件及零部件之间的配合关系组成的。

5.2 装配设计的一般过程

12min

使用 SOLIDWORKS 进行装配设计的一般过程如下：
(1) 新建一个"装配"文件，进入装配设计环境。
(2) 装配第 1 个零部件。

说明：装配第 1 个零部件时包含两步操作，第 1 步，引入零部件；第 2 步，通过配合定义零部件的位置。

(3) 装配其他零部件。
(4) 制作爆炸视图。
(5) 保存装配体。
(6) 创建装配体工程图。

下面以装配如图 5.1 所示的车轮产品为例，介绍装配体创建的一般过程。

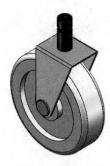

图 5.1 车轮产品

5.2.1 新建装配文件

步骤 1：选择命令。选择"快速访问工具栏"中的 命令，系统会弹出"新建 SOLIDWORKS 文件"对话框。

步骤 2：选择装配模板。在"新建 SOLIDWORKS 文件"对话框中选择"装配体"模板，单击"确定"按钮进入装配环境。

说明：进入装配环境后会自动弹出"开始装配体"对话框。

5.2.2 装配第 1 个零件

步骤 1：选择要添加的零部件。在打开的对话框中先选择 D:\SOLIDWORKS 认证考试\work\ch05.02 中的支架.SLDPRT，然后单击"打开"按钮。

说明：如果不小心关闭了"打开"对话框，则可以在开始装配体对话框中单击"浏览"

按钮，系统会再次弹出"打开"对话框；如果将"开始装配体"对话框也关闭了，则可以单击 装配体 功能选项卡中的"插入零部件" 命令，系统会弹出"插入零部件"对话框，"插入零部件"对话框与"开始装配体"对话框的内容一致。

步骤 2：定位零部件。直接单击"开始装配体"对话框中的 ✓ 按钮，即可把零部件固定到装配原点处（零件的 3 个默认基准面与装配体的 3 个默认基准面分别重合），如图 5.2 所示。

图 5.2 支架零件

5.2.3 装配第 2 个零件

1. 引入第 2 个零件

步骤 1：选择命令。单击 装配体 功能选项卡 下的 ▼ 按钮，选择 插入零部件 命令，系统会弹出"打开"对话框。

步骤 2：选择零部件。在"打开"对话框中先选择 D:\SOLIDWORKS 认证考试\work\ch05.02 中的车轮.SLDPRT，然后单击"打开"按钮。

步骤 3：放置零部件。在图形区的合适位置单击放置第 2 个零件，如图 5.3 所示。

图 5.3 引入车轮零件

2. 定位第 2 个零件

步骤 1：选择命令。单击 装配体 功能选项卡中的 配合 命令，系统会弹出如图 5.4 所示的"配合"对话框。

步骤 2：定义同轴心配合。在绘图区域中分别选取如图 5.5 所示的面 1 与面 2 作为配合面，系统会自动在"配合"对话框的标准配合区域中选中 ◎ 同轴心(N)，单击"配合"对

图 5.4 "配合"对话框

话框中的 ✓ 按钮，完成同轴心配合的添加，效果如图5.6所示。

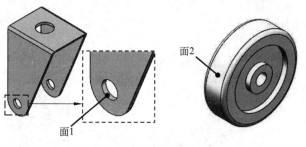

图5.5　配合面　　　　　　　　　　　图5.6　同轴心配合

步骤3：定义重合配合。在设计树中分别选取支架零件的前视基准面与车轮零件的基准面1，系统会自动在"配合"对话框的标准配合区域中选中 人 重合(I)，单击"配合"对话框中的 ✓ 按钮，完成重合配合的添加，效果如图5.7所示。

步骤4：完成定位，再次单击"配合"对话框中的 ✓ 按钮，完成车轮零件的定位。

5.2.4　装配第3个零件

图5.7　重合配合

1. 引入第3个零件

步骤1：选择命令。单击 装配体 功能选项卡 插入零部件 下的 ▼ 按钮，选择 插入零部件 命令，系统会弹出"打开"对话框。

步骤2：选择零部件。在"打开"对话框中先选择 D:\SOLIDWORKS 认证考试\work\ch05.02 中的定位销.SLDPRT，然后单击"打开"按钮。

步骤3：放置零部件。在图形区的合适位置单击放置第3个零件，如图5.8所示。

图5.8　引入定位销零件

2. 定位第3个零件

步骤1：选择命令。单击 装配体 功能选项卡中的 配合 命令，系统会弹出"配合"对话框。

步骤2：定义同轴心配合。在绘图区域中分别选取如图5.9所示的面1与面2作为配合面，系统会自动在"配合"对话框的标准配合区域中选中 ◎ 同轴心(N)，单击"配合"对话框中的 ✓ 按钮，完成同轴心配合的添加，效果如图5.10所示。

步骤 3：定义重合配合。在设计树中分别选取定位销零件的前视基准面与车轮零件的基准面 1，系统会自动在"配合"对话框的标准配合区域中选中 重合(I)，单击"配合"对话框中的 ✓ 按钮，完成重合配合的添加，效果如图 5.11 所示（隐藏车轮零件后的效果）。

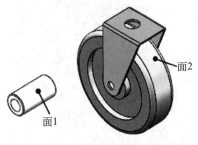
图 5.9　配合面

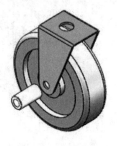
图 5.10　同轴心配合

图 5.11　重合配合

步骤 4：完成定位，再次单击"配合"对话框中的 ✓ 按钮，完成定位销零件的定位。

5.2.5　装配第 4 个零件

1. 引入第 4 个零件

步骤 1：选择命令。单击 装配体 功能选项卡 插入零部件 下的 ▼ 按钮，选择 插入零部件 命令，系统会弹出"打开"对话框。

步骤 2：选择零部件。在"打开"的对话框中先选择 D:\SOLIDWORKS 认证考试\work\ch05.02 中的固定螺钉.SLDPRT，然后单击"打开"按钮。

步骤 3：放置零部件。在图形区的合适位置单击放置第 4 个零件，如图 5.12 所示。

2. 定位第 4 个零件

步骤 1：调整零件角度与位置。在图形区中将鼠标移动到要旋转的零件上，按住鼠标右键并拖动鼠标，将模型旋转至如图 5.13 所示的大概角度；在图形区中将鼠标移动到要旋转的零件上，按住鼠标左键并拖动鼠标，将模型移动至如图 5.13 所示的大概位置。

说明：通过单击 装配体 选项卡 移动零部件 下的 ▼ 按钮，选择 移动零部件 与 旋转零部件 命令也可以对模型进行移动或者旋转操作。

步骤 2：选择命令。单击 装配体 功能选项卡中的 配合 命令，系统会弹出"配合"对话框。

步骤 3：定义同轴心配合。在绘图区域中分别选取如图 5.14 所示的面 1 与面 2 作为配合

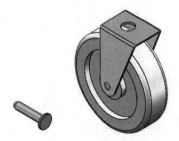
图 5.12　引入固定螺钉零件

图 5.13　调整角度与位置

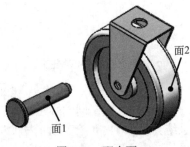
图 5.14　配合面

面,系统会自动在"配合"对话框的标准配合区域中选中 ◎ 同轴心(N) ,单击"配合"对话框中的 ✓ 按钮,完成同轴心配合的添加,效果如图 5.15 所示。

步骤 4:定义重合配合。在设计树中分别选取如图 5.16 所示的面 1 与面 2,系统会自动在"配合"对话框的标准配合区域中选中 ⼈ 重合(C) ,单击"配合"对话框中的 ✓ 按钮,完成重合配合的添加,效果如图 5.17 所示。

步骤 5:完成定位,再次单击"配合"对话框中的 ✓ 按钮,完成固定螺钉零件的定位。

图 5.15　同轴心配合

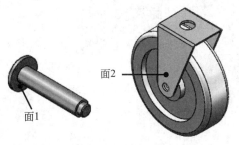

图 5.16　配合面

图 5.17　重合配合

5.2.6　装配第 5 个零件

1. 引入第 5 个零件

步骤 1:选择命令。单击 装配体 功能选项卡 插入零部件 下的 ▼ 按钮,选择 插入零部件 命令,系统会弹出"打开"对话框。

步骤 2:选择零部件。在"打开"对话框中先选择 D:\SOLIDWORKS 认证考试\work\ch05.02 中的连接轴.SLDPRT,然后单击"打开"按钮。

步骤 3:放置零部件。在图形区的合适位置单击放置第 5 个零件,如图 5.18 所示。

2. 定位第 5 个零件

步骤 1:调整零件角度与位置。在图形区中将鼠标移动到要旋转的零件上,按住鼠标右键并拖动鼠标,将模型旋转至如图 5.19 所示的大概角度;在图形区中将鼠标移动到要旋转的零件上,按住鼠标左键并拖动鼠标,将模型移动至如图 5.19 所示的大概位置。

图 5.18　引入连接轴零件

图 5.19　调整角度与位置

步骤 2：选择命令。单击 装配体 功能选项卡中的 配合 命令，系统会弹出"配合"对话框。

步骤 3：定义同轴心配合。在绘图区域中分别选取如图 5.20 所示的面 1 与面 2 作为配合面，系统会自动在"配合"对话框的标准配合区域中选中 同轴心(N)，单击"配合"对话框中的 ✔ 按钮，完成同轴心配合的添加，效果如图 5.21 所示。

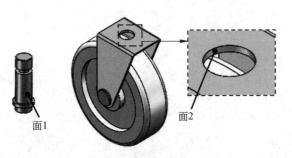

图 5.20　配合面　　　　　　　　　　　　图 5.21　同轴心配合

步骤 4：定义重合配合。在设计树中分别选取如图 5.22 所示的面 1 与面 2，系统会自动在"配合"对话框的标准配合区域中选中 重合(C)，单击"配合"对话框中的 ✔ 按钮，完成重合配合的添加，效果如图 5.23 所示。

步骤 5：完成定位，再次单击"配合"对话框中的 ✔ 按钮，完成连接轴零件的定位。

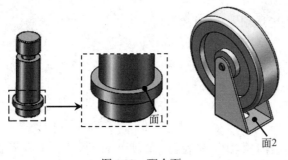
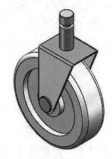

图 5.22　配合面　　　　　　　　　　　　图 5.23　重合配合

步骤 6：保存文件。选择"快速访问工具栏"中的"保存" 保存(S) 命令，系统会弹出"另存为"对话框，在 文件名(N): 文本框中输入"车轮"，单击"保存"按钮，完成保存操作。

5.3　装配配合

通过定义装配配合，可以指定零件相对于装配体（组件）中其他组件的放置方式和位置。装配约束的类型包括重合、平行、垂直和同轴心等。在 SOLIDWORKS 中，一个零件通过装配约束添加到装配体后，它的位置会随与其有约束关系的组件的改变而相应地进行改变，而且约束设置值作为参数可随时修改，并可与其他参数建立关系方程，这样整个装配体实际上是一个参数化的装配体。在 SOLIDWORKS 中装配配合主要包括三大类型：标准配合、高级配合及机械配合。

关于装配配合,主要需要注意以下几点:

(1)一般来讲,在建立一个装配配合时,应选取零件参照和部件参照。零件参照和部件参照是零件和装配体中用于配合定位和定向的点、线、面,例如通过"重合"约束将一根轴放入装配体的一个孔中,轴的圆柱面或者中心轴就是零件参照,而孔的圆柱面或者中心轴就是部件参照。

(2)要对一个零件在装配体中完整地指定放置和定向(完整约束),往往需要定义多个装配配合。

(3)系统一次只可以添加一个配合,例如不能用一个"重合"约束将一个零件上的两个不同的孔与装配体中的另一个零件上的两个不同的孔对齐,必须定义两个不同的重合约束。

1. "重合"配合

"重合"配合可以添加两个零部件点、线或者面中任意两个对象之间(点与点重合如图 5.24 所示、点与线重合如图 5.25 所示、点与面重合如图 5.26 所示、线与线重合如图 5.27

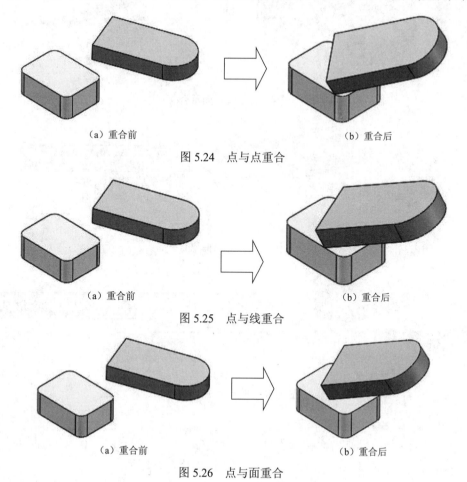

(a)重合前　　　　　　　　(b)重合后

图 5.24　点与点重合

(a)重合前　　　　　　　　(b)重合后

图 5.25　点与线重合

(a)重合前　　　　　　　　(b)重合后

图 5.26　点与面重合

所示、线与面重合如图 5.28 所示、面与面重合如图 5.29 所示）的重合关系，并且可以改变重合的方向，如图 5.30 所示。

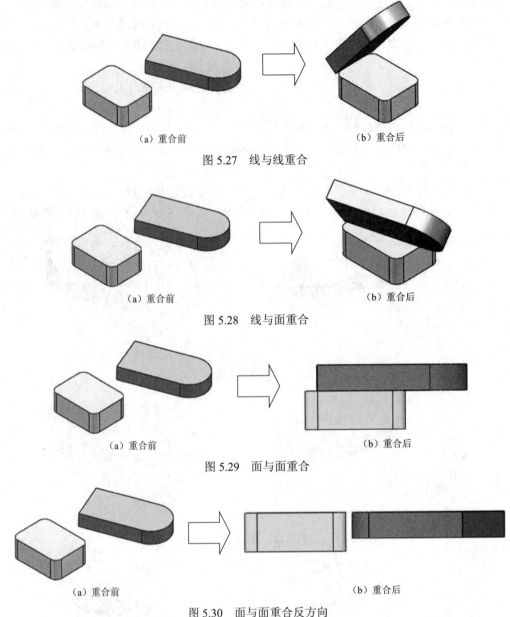

图 5.27　线与线重合

图 5.28　线与面重合

图 5.29　面与面重合

图 5.30　面与面重合反方向

2."平行"配合

"平行"配合可以添加两个零部件线或者面对象之间（线与线平行、线与面平行、面与面平行）的平行关系，并且可以改变平行的方向，如图 5.31 所示。

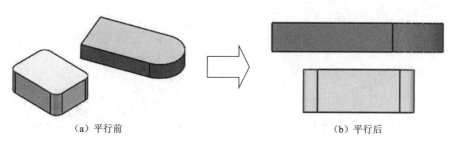

图 5.31　平行配合

3. "垂直"配合

"垂直"配合可以添加两个零部件线或者面对象之间（线与线垂直、线与面垂直、面与面垂直）的垂直关系，并且可以改变垂直的方向，如图 5.32 所示。

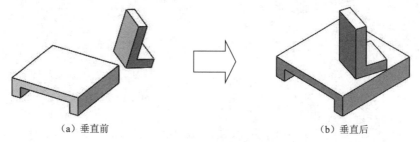

图 5.32　垂直配合

4. "相切"配合

"相切"配合可以使所选的两个元素处于相切位置（至少有一个元素为圆柱面、圆锥面或者球面），并且可以改变相切的方向，如图 5.33 所示。

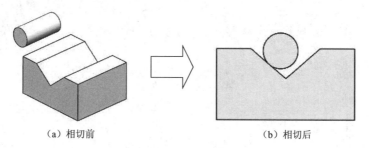

图 5.33　相切配合

5. "同轴心"配合

"同轴心"配合可以使所选的两个圆柱面处于同轴心位置，该配合经常用于轴类零件的装配，如图 5.34 所示。

6. "距离"配合

"距离"配合可以使两个零部件上的点、线或面建立一定的距离来限制零部件的相对位置关系，如图 5.35 所示。

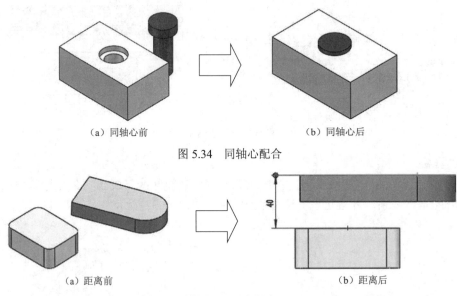

(a) 同轴心前   (b) 同轴心后

图 5.34　同轴心配合

(a) 距离前   (b) 距离后

图 5.35　距离配合

7. "角度"配合

"角度"配合可以使两个元件上的线或面建立一个角度,从而限制部件的相对位置关系,如图 5.36 所示。

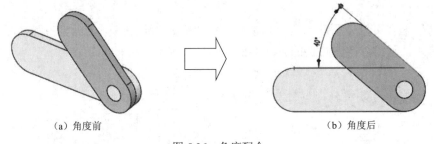

(a) 角度前   (b) 角度后

图 5.36　角度配合

5.4　零部件的复制

5.4.1　镜像复制

在装配体中,经常会出现两个零部件关于某一平面对称的情况,此时,不需要再次为装配体添加相同的零部件,只需对原有零部件进行镜像复制。下面以如图 5.37 所示的产品为例介绍镜像复制的一般操作过程。

步骤 1:打开文件 D:\SOLIDWORKS 认证考试\work\ch05.04\01\镜像复制-ex。

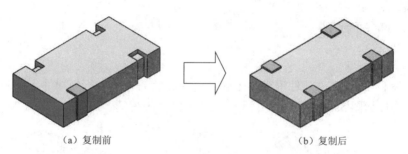

（a）复制前　　　　　　　　　　　　　（b）复制后

图 5.37　镜像复制

步骤 2：选择命令。单击 装配体 功能选项卡 线性零部件阵列 下的 ▼ 按钮，选择 镜像零部件 命令，或者选择下拉菜单插入→镜像零部件命令，系统会弹出"镜像零部件"对话框。

步骤 3：选择镜像中心面。在设计树中选取右视基准面作为镜像中心面。
步骤 4：选择要镜像的零部件。选取如图 5.38 所示的零件作为要镜像的零部件。
步骤 5：设置方位。单击"镜像零部件"对话框中的 ⊙ 按钮，采用系统默认的方位参数。
步骤 6：单击"镜像零部件"对话框中的 ✓ 按钮，完成如图 5.39 所示的镜像操作。

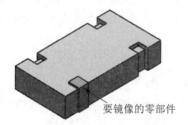
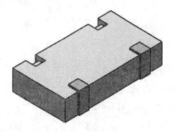

图 5.38　要镜像的零部件　　　　　　　图 5.39　镜像复制

步骤 7：选择命令。单击 装配体 功能选项卡 线性零部件阵列 下的 ▼ 按钮，选择 镜像零部件 命令，系统会弹出"镜像零部件"对话框。

步骤 8：选择镜像中心面。在设计树中选取前视基准面作为镜像中心面。
步骤 9：选择要镜像的零部件。选取如图 5.40 所示的零部件作为要镜像的零件。
步骤 10：设置方位。单击"镜像零部件"对话框中的 ⊙ 按钮，全部采用系统默认的参数。
步骤 11：单击"镜像零部件"对话框中的 ✓ 按钮，完成如图 5.41 所示的镜像操作。

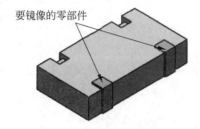
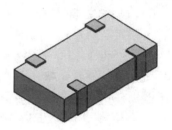

图 5.40　要镜像的零部件　　　　　　　图 5.41　镜像复制

5.4.2 阵列复制

1. 线性阵列

"线性阵列"可以将零部件沿着一个或者两个线性的方向进行规律性复制，从而得到多个副本。下面以如图 5.42 所示的装配为例，介绍线性阵列的一般操作过程。

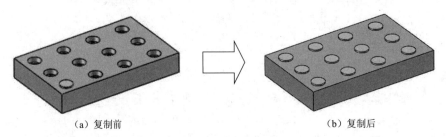

（a）复制前　　　　　　　　　　　　（b）复制后

图 5.42　线性阵列

步骤 1：打开文件 D:\SOLIDWORKS 认证考试\work\ch05.04\02\线性阵列-ex。

步骤 2：选择命令。单击 装配体 功能选项卡 线性零部件阵列 下的 ▼ 按钮，选择 线性零部件阵列 命令，或者选择下拉菜单"插入"→"零部件阵列"→"线性阵列"命令，系统会弹出"线性阵列"对话框。

步骤 3：定义要阵列的零部件。在"线性阵列"对话框的要阵列的零部件区域中单击 后的文本框，选取如图 5.43 所示的零件 1 作为要阵列的零部件。

步骤 4：确定阵列方向 1。在"线性阵列"对话框的 方向1(1) 区域中单击 后的文本框，在图形区选取如图 5.44 所示的边作为阵列参考方向。

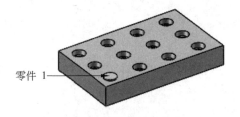
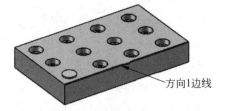

图 5.43　要阵列的零部件　　　　　图 5.44　阵列方向 1

步骤 5：设置间距及个数。在"线性阵列"对话框的 方向1(1) 区域的 后的文本框中输入 50，在 后的文本框中输入 4。

步骤 6：确定阵列方向 2。首先在"线性阵列"对话框的 方向2(2) 区域中单击 后的文本框，在图形区选取如图 5.45 所示的边作为阵列参考方向，然后单击 按钮。

步骤 7：设置间距及个数。在"线性阵列"对话框的 方向2(2) 区域的 后的文本框中输入 40，在 后的文本框中输入 3。

步骤 8：单击 ✓ 按钮，完成线性阵列的操作。

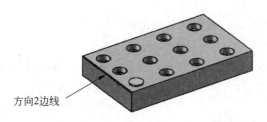

图 5.45 阵列方向 2

2. 圆周阵列

"圆周阵列"可以将零部件绕着一个中心轴进行圆周规律复制,从而得到多个副本。下面以如图 5.46 所示的装配为例,介绍圆周阵列的一般操作过程。

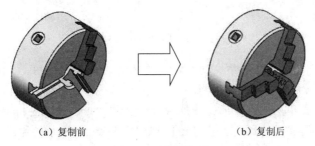

(a) 复制前　　　　　　　　　　(b) 复制后

图 5.46 圆周阵列

步骤 1:打开文件 D:\SOLIDWORKS 认证考试\work\ch06.04\03\圆周阵列-ex。

步骤 2:选择命令。单击 装配体 功能选项卡 线性零部件阵列 下的 ▼ 按钮,选择 圆周零部件阵列 命令,或者选择下拉菜单"插入"→"零部件阵列"→"圆周阵列"命令,系统会弹出"圆周阵列"对话框。

步骤 3:定义要阵列的零部件。在"圆周阵列"对话框的要阵列的零部件区域中单击 后的文本框,选取如图 5.47 所示的零件 1 作为要阵列的零部件。

步骤 4:确定阵列中心轴。在"圆周阵列"对话框的 参数(P) 区域中单击 后的文本框,在图形区选取如图 5.48 所示的圆柱面作为阵列方向。

图 5.47 要阵列的零部件　　　　图 5.48 阵列中心轴

步骤 5:设置角度间距及个数。在"圆周阵列"对话框的 参数(P) 区域的 后的文本框中输入 360,在 后的文本框中输入 3,选中 等间距(E) 复选框。

步骤 6：单击 ✓ 按钮，完成圆周阵列的操作。

3. 特征驱动零部件阵列

"特征驱动阵列"是以装配体中的某一零部件的阵列特征为参照进行复制，从而得到多个副本。下面以如图 5.49 所示的装配为例，介绍特征驱动阵列的一般操作过程。

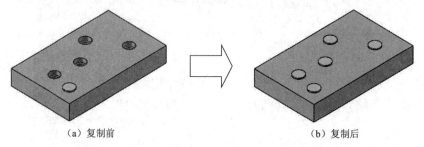

(a) 复制前　　　　　　　　　　(b) 复制后

图 5.49　特征驱动阵列

步骤 1：打开文件 D:\SOLIDWORKS 认证考试\work\ch05.04\04\特征驱动阵列-ex。

步骤 2：选择命令。单击 装配体 功能选项卡 线性零部件阵列 下的 ▼ 按钮，选择 阵列驱动零部件阵列 命令，或者选择下拉菜单插入→零部件阵列→阵列驱动命令，系统会弹出阵列驱动对话框。

步骤 3：定义要阵列的零部件。在图形区选取如图 5.50 所示的零件 1 作为要阵列的零部件。

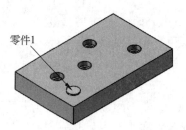

图 5.50　定义要阵列的零部件

步骤 4：确定驱动特征。首先单击"阵列驱动"窗口的驱动特征或零部件区域中的 文本框，然后展开 01 的设计树，选取草图阵列 1 作为驱动特征。

步骤 5：单击 ✓ 按钮，完成阵列驱动操作。

第 6 章 SOLIDWORKS 模型的测量与分析

6.1 模型的测量

6.1.1 基本概述

产品的设计离不开模型的测量与分析,本节主要介绍空间点、线、面距离的测量、角度的测量、曲线长度的测量、面积的测量等,这些测量工具在产品零件设计及装配设计中经常用到。

6.1.2 测量距离

SOLIDWORKS 中可以测量的距离包括点到点的距离、点到线的距离、点到面的距离、线到线的距离、面到面的距离等。下面以如图 6.1 所示的模型为例,介绍测量距离的一般操作过程。

步骤 1:打开文件 D:\SOLIDWORKS 认证考试\work\ch06.01\模型测量 01.SLDPRT。

步骤 2:选择命令。选择 评估 功能选项卡中的 命令,或者选择下拉菜单"工具"→"评估"→"测量"命令,系统会弹出"测量"对话框。

步骤 3:测量面到面的距离。依次选取如图 6.2 所示的面 1 与面 2,在图形区及"测量"对话框中会显示测量的结果。

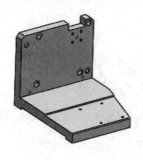

图 6.1 测量距离

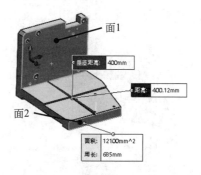

图 6.2 测量面到面的距离

说明:在开始新的测量前需要先在如图 6.3 所示的区域右击并选择消除选择命令,以便将之前的对象清空，然后选取新的对象。

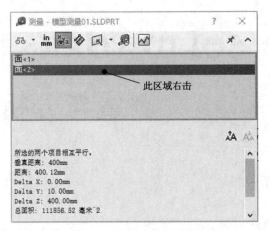

图6.3　清空之前的对象

步骤4：测量点到面的距离，如图6.4所示。

步骤5：测量点到线的距离，如图6.5所示。

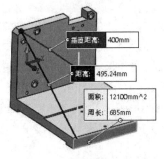

图6.4　测量点到面的距离

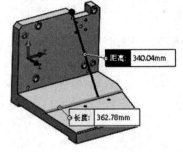

图6.5　测量点到线的距离

步骤6：测量点到点的距离，如图6.6所示。

步骤7：测量线到线的距离，如图6.7所示。

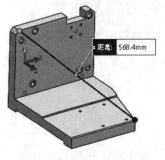

图6.6　测量点到点的距离

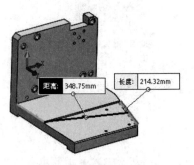

图6.7　测量线到线的距离

步骤 8：测量线到面的距离，如图 6.8 所示。

步骤 9：测量点到点的投影距离，如图 6.9 所示。选取如图 6.9 所示的点 1 与点 2，在"测量"对话框中单击 [图标] 后的 ▼，在弹出的下拉菜单中选择 [选择面/基准面] 命令，选取如图 6.9 所示的面 1 作为投影面，此时两点的投影距离将在对话框显示，如图 6.10 所示。

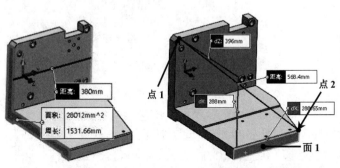

图 6.8　测量线到面的距离　　图 6.9　测量点到点的投影距离　　图 6.10　投影距离数据显示

6.1.3　测量角度

2min

SOLIDWORKS 中可以测量的角度包括线与线的角度、线与面的角度、面与面的角度等。下面以如图 6.11 所示的模型为例，介绍测量角度的一般操作过程。

步骤 1：打开文件 D:\SOLIDWORKS 认证考试\work\ch06.01\模型测量 03.SLDPRT。

步骤 2：选择命令。选择 [评估] 功能选项卡中的 [图标] 命令，系统会弹出"测量"对话框。

步骤 3：测量面与面的角度。依次选取如图 6.12 所示的面 1 与面 2，在"测量"对话框中会显示测量的结果。

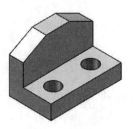
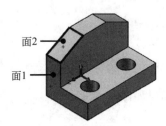

图 6.11　测量角度　　　　　　　　图 6.12　测量面与面的角度

步骤 4：测量线与面的角度。首先清空上一步所选取的对象，然后依次选取如图 6.13 所示的线 1 与面 1，在"测量"对话框中会显示测量的结果。

步骤 5：测量线与线的角度。首先清空上一步所选取的对象，然后依次选取如图 6.14 所示的线 1 与线 2，在"测量"对话框中会显示测量的结果。

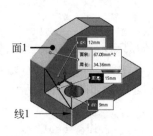
图 6.13　测量线与面的角度

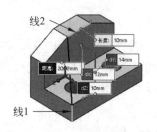
图 6.14　测量线与面的角度

6.1.4　测量曲线长度

下面以如图 6.15 所示的模型为例，介绍测量曲线长度的一般操作过程。

步骤 1：打开文件 D:\SOLIDWORKS 认证考试\work\ch07.01\模型测量 04.SLDPRT。

步骤 2：选择命令。选择 评估 功能选项卡中的 命令，系统会弹出"测量"对话框。

步骤 3：测量曲线长度。在绘图区选取如图 6.16 所示的样条曲线，在图形区及"测量"对话框中会显示测量的结果。

步骤 4：测量圆的长度。首先清空上一步所选取的对象，然后依次选取如图 6.17 所示的圆形的边线，在"测量"对话框中会显示测量的结果。

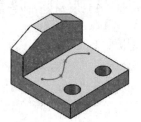
图 6.15　测量曲线长度

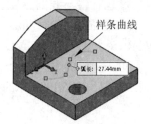
图 6.16　测量曲线长度

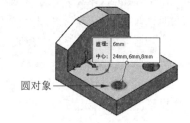
图 6.17　测量圆的长度

6.1.5　测量面积与周长

下面以如图 6.18 所示的模型为例，介绍测量面积与周长的一般操作过程。

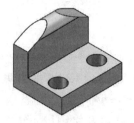
图 6.18　测量面积与周长

步骤 1：打开文件 D:\SOLIDWORKS 认证考试\work\ch06.01\模型测量 05.SLDPRT。

步骤2：选择命令。选择 [评估] 功能选项卡中的 [图标] 命令，系统会弹出"测量"对话框。

步骤3：测量平面面积与周长。在绘图区选取如图 6.19 所示的平面，在图形区及"测量"对话框中会显示测量的结果。

步骤4：测量曲面面积与周长。在绘图区选取如图 6.20 所示的曲面，在图形区及"测量"对话框中会显示测量的结果。

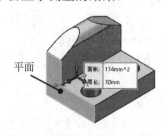
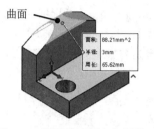

图 6.19　测量平面面积与周长　　　　图 6.20　测量曲面面积与周长

6.2　模型的分析

这里的分析指的是单个零件或组件的基本分析，获得的主要是单个模型的物理数据或装配体中元件之间的干涉情况。这些分析都是静态的，如果需要对某些产品或者机构进行动态分析，就需要用到 SOLIDWORKS 的运动仿真模块。

6.2.1　质量属性分析

通过对质量属性进行分析，可以获得模型的体积、总的表面积、质量、密度、重心位置、惯性力矩和惯性张量等数据，对产品设计有很大的参考价值。

步骤1：打开文件 D:\SOLIDWORKS 认证考试\work\ch06.02\模型分析.SLDPRT。

步骤2：设置材料属性。设计树中右击 [材质 <未指定>]，在系统弹出的快捷菜单中选择 [编辑材料(A)]，系统会弹出"材料"对话框，依次选择 [solidworks materials] → [钢] → [合金钢]，单击"材料"对话框中的"应用"按钮，单击"关闭"按钮完成材料的设置。

步骤3：选择命令。选择 [评估] 功能选项卡中的 [图标]（质量属性）命令，系统会弹出"质量属性"对话框。

步骤4：选择对象。在图形区选取整个实体模型。

说明：如果图形区只有一个实体，则系统将自动选取该实体作为要分析的项目。

步骤5：在"质量特性"对话框中单击 [选项(O)...] 按钮，系统会弹出"质量/剖面属性选项"对话框。

步骤6：设置单位。首先在"质量/剖面属性选项"对话框中选中 [⦿使用自定义设定(U)] 单选项，然后在 [质量(M):] 下拉列表中选择 [千克]，在 [单位体积(V):] 下拉列表中选择 [米^3]，单击 [确定] 按钮完成设置。

步骤 7：在"质量特性"对话框中单击 重算(R) 按钮，其列表框中将会显示模型的质量属性。

6.2.2 装配体干涉检查

在产品设计过程中，当各零部件组装完成后，设计者最关心的是各个零部件之间的干涉情况，使用 评估 功能选项卡下的 （干涉检查）命令可以帮助用户了解这些信息。

步骤 1：打开文件 D:\SOLIDWORKS 认证考试\work\ch06.02\干涉检查\车轮。

步骤 2：选择命令。选择 评估 功能选项卡中的 命令，系统会弹出"干涉检查"对话框。

步骤 3：选择需检查的零部件。采用系统默认的整个装配体。

说明：选择 命令后，系统默认会选取整个装配体作为需要检查的零部件。如果只需检查装配体中的几个零部件，则可在"干涉检查"窗口所选取的零部件区域中的列表框中删除系统默认选取的装配体，然后选取需检查的零部件。

步骤 4：设置参数。在选项区域选中 ☑使干涉零件透明(T) 复选框，在非干涉零件区域选中 ◉隐藏(H) 单选项。

步骤 5：查看检查结果。完成上述操作后，单击"干涉检查"窗口所选零部件区域中的 计算(C) 按钮，此时在"干涉检查"窗口的结果区域中会显示检查的结果，如图 6.21 所示；同时图形区中发生干涉的面也会高亮显示，如图 6.22 所示。

图 6.21 干涉检查对话框结果显示

图 6.22 干涉结果图形区显示

第 7 章　SOLIDWORKS 工程图设计

7.1　新建工程图

在学习本节前，先将 D:\SOLIDWORKS 认证考试\work\ch07.01\格宸教育 A3.DRWDOT 文件复制到 C:\ProgramData\SOLIDWORKS\SOLIDWORKS 2024\templates（模板文件目录）文件夹中。

说明：如果 SOLIDWORKS 软件不是安装在 C:\Program Files 目录中，则需要根据用户的安装目录找到相应的文件夹。

下面介绍新建工程图的一般操作步骤。

步骤 1：选择命令。选择"快速访问工具栏"中的 命令，系统会弹出"新建 SOLIDWORKS 文件"对话框。

步骤 2：选择工程图模板。在"新建 SOLIDWORKS 文件"对话框中单击高级按钮，选取"格宸教育 A3"模板，单击"确定"按钮完成工程图的新建。

7.2　工程图视图

工程图视图是按照三维模型的投影关系生成的，主要用来表达部件模型的外部结构及形状。在 SOLIDWORKS 的工程图模块中，视图包括基本视图、各种剖视图、局部放大图和折断视图等。

7.2.1　基本工程图视图

通过投影法直接投影得到的视图就是基本视图，基本视图在 SOLIDWORKS 中主要包括主视图、投影视图和轴测图等，下面分别进行介绍。

1. 创建主视图

下面以创建如图 7.1 所示的主视图为例，介绍创建主视图的一般操作过程。

步骤 1：新建工程图文件。选择"快速访问工具栏"中的 命令，系统会弹出"新建 SOLIDWORKS 文件"对话框，在"新建 SOLIDWORKS 文件"对话框中切换到高级界面，选取"gb-a3"模板,单击"确定"按钮,进入工程图环境。

步骤2:选择零件模型。选择 视图布局 功能选项卡中的 （模型视图）命令,在系统 选择一零件或装配体以从之生成视图,然后单击下一步。 的提示下,单击 要插入的零件/装配体(E) 区域的"浏览"按钮,系统会弹出"打开"对话框,在查找范围下拉列表中先选择目录 D:\SOLIDWORKS 认证考试\work\ch07.02\01,然后选择基本视图.SLDPRT,单击"打开"按钮,载入模型。

步骤3:定义视图参数。

(1) 定义视图方向。首先在模型视图对话框的方向区域选中 v1,然后选中 ☑预览(P) 复选框,这样在绘图区便可以预览要生成的视图,如图 7.2 所示。

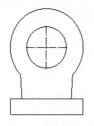

图 7.1 主视图

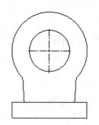

图 7.2 视图预览

(2) 定义视图显示样式。在显示样式区域选中 （消除隐藏线）单选项。

(3) 定义视图比例。在比例区域中选中 ⊙ 使用自定义比例(C) 单选项,在其下方的列表框中选择 1∶2。

(4) 放置视图。将鼠标放在图形区会出现视图的预览;选择合适的放置位置后单击,以生成主视图。

(5) 单击"工程图视图"窗口中的 ✓ 按钮,完成操作。

说明:如果在生成主视图之前,在 选项(N) 区域中选中 ☑ 自动开始投影视图(A) 复选框,如图 7.3 所示,则在生成一个视图之后会继续生成其他投影视图。

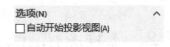

图 7.3 视图选项

2. 创建投影视图

投影视图包括仰视图、俯视图、右视图和左视图。下面以如图 7.4 所示的视图为例,说明创建投影视图的一般操作过程。

步骤1:打开文件 D:\SOLIDWORKS 认证考试\work\ch07.02\01\投影视图-ex。

步骤2:选择命令。选择 视图布局 功能选项卡中的 （投影视图）命令,或者选择下拉菜单"插入"→"工程图视图"→"投影视图"命令,系统会弹出"投影视图"对话框。

步骤3:定义父视图。采用系统默认的父视图。

说明:如果该视图中只有一个视图,则系统会默认选择该视图作为投影的父视图,这样就不需要再选取;如果图纸中含有多个视图,则系统会提示 请选择投影所用的工程视图 ,此时需要手动选取一个视图作为父视图。

步骤4:放置视图。在主视图的右侧单击,生成左视图,如图 7.5 所示。

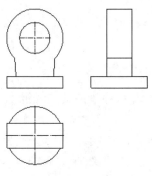
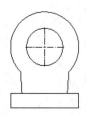
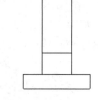

图 7.4　投影视图　　　　　　　　　图 7.5　左视图

步骤 5：放置视图。在主视图的下侧单击，生成俯视图，完成操作。

3. 等轴测视图

下面以如图 7.6 所示的轴测图为例，说明创建轴测图的一般操作过程。

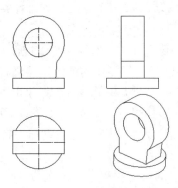

图 7.6　轴测图

步骤 1：打开文件 D:\SOLIDWORKS 认证考试\work\ch07.02\01\轴测图-ex。

步骤 2：选择命令。选择 视图布局 功能选项卡中的 命令，系统会弹出"模型视图"对话框。

步骤 3：选择零件模型。采用系统默认的零件模型，单击 就可将其载入。

步骤 4：定义视图参数。

（1）定义视图方向。首先在模型视图对话框的方向区域选中 v2，然后选中 预览 复选框，在绘图区可以预览要生成的视图。

（2）定义视图显示样式。在显示样式区域选中 单选项。

（3）定义视图比例。在比例区域中选中 使用自定义比例(C) 单选项，在其下方的列表框中选择 1:2。

（4）放置视图。将鼠标放在图形区会出现视图的预览；选择合适的放置位置单击，以生成等轴测视图。

（5）单击"工程图视图"窗口中的 按钮，完成操作。

7.2.2 视图常用编辑

1. 移动视图

在创建完主视图和投影视图后，如果它们在图纸上的位置不合适、视图间距太小或太大，用户则可以根据自己的需要移动视图，具体方法为将鼠标停放在视图的虚线框上，此时光标会变成 ，按住鼠标左键并移动至合适的位置后放开。

当视图的位置放置好了以后，可以右击该视图，在弹出的快捷菜单中选择 锁住视图位置(L) 命令，此时视图将不能被移动。再次右击，在弹出的快捷菜单中选择 解除锁住视图位置(U) 命令，该视图即可正常移动。

说明：

（1）当将鼠标指针移动到视图的边线上时，指针会显示为 ，此时也可以移动视图。

（2）如果移动投影视图的父视图（如主视图），则其投影视图也会随之移动；如果移动投影视图，则只能上下或左右移动，以保证与父视图的对齐关系，除非解除对齐关系。

2. 对齐视图

根据"高平齐、宽相等"的原则（左、右视图与主视图水平对齐，俯、仰视图与主视图竖直对齐），当用户移动投影视图时，只能横向或纵向移动视图。在特征树中选中要移动的视图并右击（或者在图纸中选中视图并右击），在弹出的快捷菜单中依次选择 视图对齐 → 解除对齐关系(A) 命令，可将视图移动至任意位置，如图 7.7 所示。当用户再次右击并选择 视图对齐 → 默认对齐(E) 命令时，被移动的视图又会自动与主视图默认对齐。

3. 旋转视图

右击要旋转的视图，在弹出的快捷菜单中依次选择 缩放/平移/旋转 → 旋转视图(F) 命令，系统会弹出"旋转工程视图"对话框。

在工程视图角度文本框中输入要旋转的角度值，单击"应用"按钮即可旋转视图，旋转完成后单击"关闭"按钮，也可直接将鼠标移至该视图中，按住鼠标左键并移动以旋转视图，如图 7.8 所示。

说明：在视图前导栏中单击 按钮，也可旋转视图。

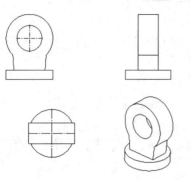

图 7.7　任意移动位置

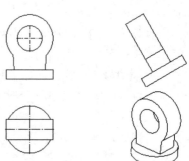

图 7.8　旋转视图

使用"3D 工程图视图"命令，既可以暂时改变平面工程图视图的显示角度，也可以永久修改等轴测视图的显示角度，此命令不能在局部视图、断裂视图、剪裁视图、空白视图和分离视图中使用。

首先选中要调整的平面视图，然后选择下拉菜单"视图"→"修改"→"3D 工程图视图" 3D 工程图视图(3) 命令（或在视前导栏中单击 按钮），此时系统会弹出快捷工具条，并且默认选中 （旋转）按钮，按住鼠标左键在图形区任意位置拖动，便可旋转视图，如图 7.9 所示。

首先选中要调整的等轴测视图，然后选择下拉菜单"视图"→"修改"→"3D 工程图视图" 3D 工程图视图(3) 命令，此时系统会弹出快捷工具条，并且默认选中 按钮，按住鼠标左键在图形区任意位置拖动，便可旋转视图，如图 7.10 所示。

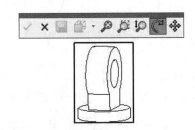

图 7.9　平面 3D 工程图视图　　　　　　　图 7.10　等轴测 3D 工程图视图

4．隐藏显示视图

工程图中的"隐藏"命令可以隐藏整个视图，选取"显示"命令，可显示隐藏的视图。

5．删除视图

如果要将某个视图删除，则可先选中该视图并右击，然后在弹出的快捷菜单中选择 删除(D) 命令或直接按 Delete 键，系统会弹出"确认删除"对话框，单击"是"按钮即可删除该视图。

6．切边显示

切边是两个面在相切处所形成的过渡边线，最常见的切边是圆角过渡形成的边线。在工程视图中，一般轴测视图需要显示切边，而在正交视图中，则需要隐藏切边。

系统默认的切边显示状态为"切边可见"，如图 7.11 所示。在图形区选中视图后右击，在弹出的快捷菜单中依次选择 切边 → 切边不可见(C) ，即可隐藏相切边，如图 7.12 所示。

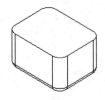

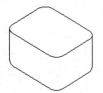

图 7.11　切边可见　　　　　　　　　　　图 7.12　切边不可见

7.2.3 视图的显示模式

3min

与模型可以设置模型显示方式一样,工程图也可以改变显示方式,SOLIDWORKS 提供了 5 种工程视图显示模式,下面分别进行介绍。

(1) ▯(线架图):视图以线框形式显示,所有边线显示为细实线,如图 7.13 所示。

(2) ▯(隐藏线可见):视图以线框形式显示,可见边线显示为实线,不可见边线显示为虚线,如图 7.14 所示。

(3) ▯(消除隐藏线):视图以线框形式显示,可见边线显示为实线,不可见边线被隐藏,如图 7.15 所示。

图 7.13 线架图

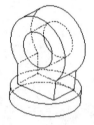
图 7.14 隐藏线可见

图 7.15 消除隐藏线

(4) ▯(带边线上色):视图以上色面的形式显示,显示可见边线,如图 7.16 所示。

(5) ▯(上色):视图以上色面的形式显示,如图 7.17 所示。

图 7.16 带边线上色

图 7.17 上色

下面以图 7.18 为例,介绍将视图设置为 ▯ 的一般操作过程。

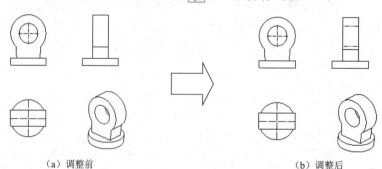

(a) 调整前   (b) 调整后

图 7.18 调整显示方式

步骤 1：打开文件 D:\SOLIDWORKS 认证考试\work\ch07.02\03\视图显示模式。
步骤 2：选择视图。在图形区选中左视图，系统会弹出"工程图视图"对话框。
步骤 3：选择显示样式。在"工程图视图"对话框的显示样式区域中单击 。
步骤 4：单击 ✓ 按钮，完成操作。

7.2.4 全剖视图

全剖视图是用剖切面完全地剖开零件而得到的剖视图。全剖视图主要用于表达内部形状比较复杂的不对称机件。下面以创建如图 7.19 所示的全剖视图为例，介绍创建全剖视图的一般操作过程。

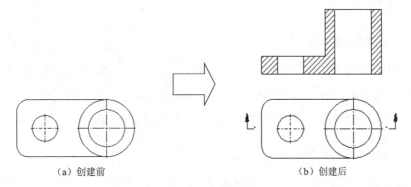

图 7.19 全剖视图

步骤 1：打开文件 D:\SOLIDWORKS 认证考试\work\ch07.02\04\全剖视图-ex。
步骤 2：选择命令。选择 视图布局 功能选项卡中的 ⌁ 命令，系统会弹出"剖面视图辅助"对话框。
步骤 3：定义剖切类型。在"剖面视图辅助"对话框中选中剖面视图选项卡，选中切割线区域中的 ⟷ （水平）。
步骤 4：定义剖切面位置。首先在绘图区域中选取如图 7.20 所示的圆心作为水平剖切面的位置，然后单击如图 7.21 所示的命令条中的 ✓ 按钮，系统会弹出如图 7.22 所示的"剖面视图"对话框。

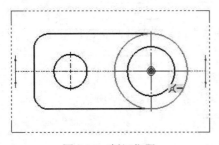

图 7.20 剖切位置

图 7.21 确定命令条

步骤 5：定义剖切信息。在"剖面视图"对话框中 (符号) 文本框中输入 A，确认剖切方向如图 7.23 所示。如果方向不对，则可以单击"反转方向"按钮进行调整。

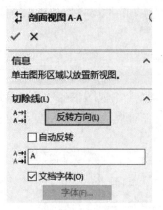

图 7.22 剖面视图 A-A 对话框

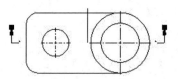

图 7.23 剖切方向

步骤 6：放置视图。在主视图上方的合适位置单击，便可生成剖视图。

步骤 7：单击"剖面视图 A-A"对话框中的 ✓ 按钮，完成操作。

7.2.5 半剖视图

当机件具有对称平面时，以对称平面为界，在垂直于对称平面的投影面上投影得到的由半个剖视图和半个视图合并组成的图形称为半剖视图。半剖视图既充分地表达了机件的内部结构，又保留了机件的外部形状，因此它具有内外兼顾的特点。半剖视图只适宜于表达对称的或基本对称的机件。下面以创建如图 7.24 所示的半剖视图为例，介绍创建半剖视图的一般操作过程。

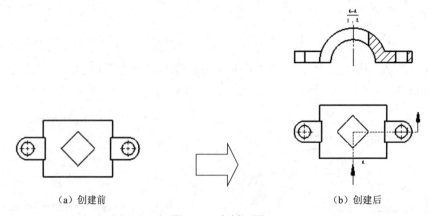

(a) 创建前   (b) 创建后

图 7.24 半剖视图

步骤 1：打开文件 D:\SOLIDWORKS 认证考试\work\ch07.02\05\半剖视图-ex。

步骤 2：选择命令。选择 视图布局 功能选项卡中的 命令，系统会弹出"剖面视图辅助"对话框。

步骤 3：定义剖切类型。在"剖面视图辅助"对话框中选中半剖面选项卡，在半剖面区域中选中 ![icon]（右侧向上）类型。

步骤 4：定义剖切面位置。在绘图区域中选取如图 7.25 所示的点作为剖切定位点，系统会弹出"剖面视图"对话框。

步骤 5：定义剖切信息。在"剖面视图"对话框的 ![icon] 文本框中输入 A，确认剖切方向如图 7.26 所示，如果方向不对，则可以单击"反转方向"按钮进行调整。

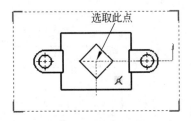

图 7.25 剖切位置

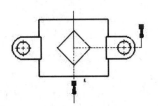

图 7.26 剖切方向

步骤 6：放置视图。在主视图上方的合适位置单击，便可生成半剖视图。

步骤 7：单击"剖面视图 A-A"对话框中的 ✓ 按钮，完成操作。

7.2.6 阶梯剖视图

用两个或多个互相平行的剖切平面把机件剖开的方法，称为阶梯剖，所画出的剖视图称为阶梯剖视图。它适宜于表达机件内部结构的中心线排列在两个或多个互相平行的平面内的情况。下面以创建如图 7.27 所示的阶梯剖视图为例，介绍创建阶梯剖视图的一般操作过程。

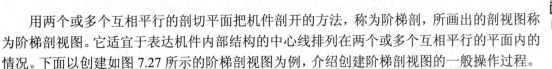

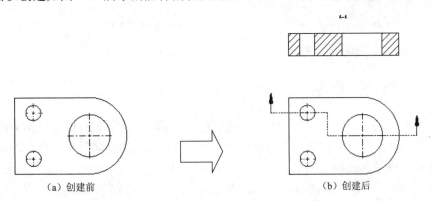

图 7.27 阶梯剖视图

步骤 1：打开文件 D:\SOLIDWORKS 认证考试\work\ch07.02\06\阶梯剖视图-ex。

步骤 2：绘制剖面线。选择 草图 功能选项卡中的 ![icon] 命令，绘制如图 7.28 所示的 3 条直线（两条水平直线需要通过圆 1 与圆 2 的圆心）。

步骤 3：选择命令。选取如图 7.28 所示的直线 1，选择 视图布局 功能选项卡中的 ![icon] 命令，系统会弹出 SOLIDWORKS 对话框。

步骤 4：定义类型。在 SOLIDWORKS 对话框中选择"创建一个旧制尺寸线打折剖面视图"类型。

步骤 5：定义剖切信息。在"剖面视图"对话框的 文本框中输入 A，单击"反转方向"按钮将方向调整到如图 7.29 所示。

步骤 6：放置视图。在主视图上方的合适位置单击，便可生成阶梯剖视图。

步骤 7：单击"剖面视图 A-A"对话框中的 ✓ 按钮，完成视图的初步创建，如图 7.30 所示。

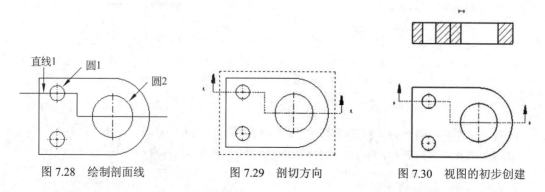

图 7.28　绘制剖面线　　　图 7.29　剖切方向　　　图 7.30　视图的初步创建

步骤 8：隐藏多余的线条。选中如图 7.31 所示的多余的线条，在如图 7.32 所示的线型工具条中选择 命令。

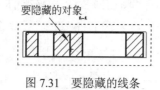

图 7.31　要隐藏的线条　　　　　　图 7.32　线型工具条

7.2.7　旋转剖视图

用两个相交的剖切平面（交线垂直于某一基本投影面）剖开机件的方法称为旋转剖，所画出的剖视图称为旋转剖视图。下面以创建如图 7.33 所示的旋转剖视图为例，介绍创建旋转剖视图的一般操作过程。

步骤 1：打开文件 D:\SOLIDWORKS 认证考试\work\ch07.02\07\旋转剖视图-ex。

步骤 2：选择命令。选择 视图布局 功能选项卡中的 命令，系统会弹出"剖面视图辅助"对话框。

步骤 3：定义剖切类型。在"剖面视图辅助"对话框中选中剖面视图选项卡，在切割线区域中选中 （对齐）。

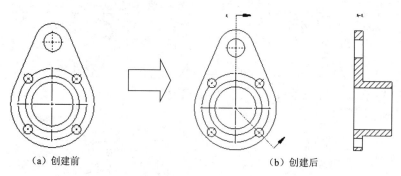

(a) 创建前　　　　　　　　　　　　(b) 创建后

图 7.33　旋转剖视图

步骤 4：定义剖切面位置。首先在绘图区域中一次选取如图 7.34 所示的圆心 1、圆心 2 与圆心 3 作为剖切面的位置参考，然后单击命令条中的 ✓ 按钮，系统会弹出"剖面视图"对话框。

步骤 5：定义剖切信息。在"剖面视图"对话框的 文本框中输入 A，确认剖切方向如图 7.35 所示。如果方向不对，则可以单击"反转方向"按钮进行调整。

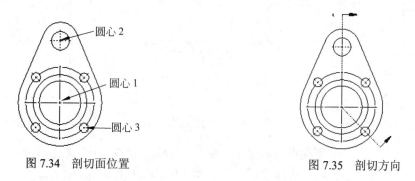

图 7.34　剖切面位置　　　　　　　　　图 7.35　剖切方向

步骤 6：放置视图。在主视图右方的合适位置单击，便可生成剖视图。
步骤 7：单击"剖面视图 A-A"对话框中的 ✓ 按钮，完成操作。

7.2.8　局部剖视图

将机件局部剖开后进行投影而得到的剖视图称为局部剖视图。局部剖视图也是在同一视图上同时表达内外形状的方法，并且用波浪线作为剖视图与视图的界线。局部剖视是一种比较灵活的表达方法，剖切范围根据实际需要决定，但使用时要考虑到看图方便，剖切不要过于零碎。它常用于下列两种情况：机件只有局部内形要表达，而又不必或不宜采用全剖视图时；不对称机件需要同时表达其内、外形状时，宜采用局部剖视图。下面以创建如图 7.36 所示的局部剖视图为例，介绍创建局部剖视图的一般操作过程。

步骤 1：打开文件 D:\SOLIDWORKS 认证考试\work\ch07.02\08\局部剖视图-ex。
步骤 2：定义局部剖区域。选择 草图 功能选项卡中的 N 命令，绘制如图 7.37 所示的封闭样条曲线。

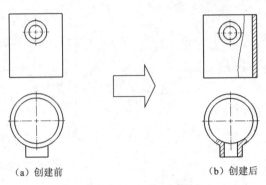

(a)创建前　　　　　　　(b)创建后

图 7.36　局部剖视图

步骤 3：选择命令。首先选中步骤 2 绘制的封闭样条，然后选择 视图布局 功能选项卡中的 ▦ （断开剖视图）命令，系统会弹出如图 7.38 所示的"断开的剖视图"对话框。

步骤 4：定义剖切位置参考。选取如图 7.39 所示的圆形边线作为剖切位置参考。

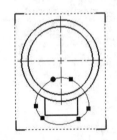  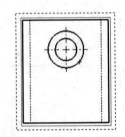

图 7.37　剖切封闭区域　　　图 7.38　"断开的剖视图"对话框　　　图 7.39　剖切位置参考

步骤 5：单击"断开的剖视图"对话框中的 ✓ 按钮，完成操作，如图 7.40 所示。

步骤 6：定义局部剖区域。选择 草图 功能选项卡中的 N· 命令，绘制如图 7.41 所示的封闭样条曲线。

步骤 7：选择命令。首先选中步骤 6 绘制的封闭样条，然后选择 视图布局 功能选项卡中的 ▦ 命令，系统会弹出"断开的剖视图"对话框。

步骤 8：定义剖切位置参考。选取如图 7.42 所示的圆形边线作为剖切位置参考。

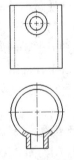 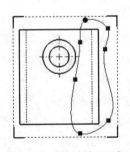 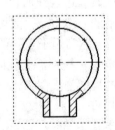

图 7.40　局部剖视图　　　图 7.41　剖切封闭区域　　　图 7.42　剖切位置参考

步骤9：单击"断开的剖视图"对话框中的 ✓ 按钮，完成操作。

7.2.9 局部放大图

当机件上的某些细小结构在视图中表达得还不够清楚，或不便于标注尺寸时，可将这些部分用大于原图形所采用的比例画出，这种图称为局部放大图。下面以创建如图 7.43 所示的局部放大图为例，介绍创建局部放大图的一般操作过程。

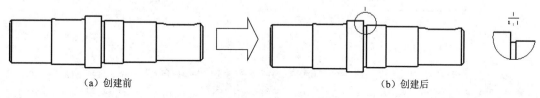

图 7.43　局部放大图

步骤1：打开文件 D:\SOLIDWORKS 认证考试\work\ch07.02\09\局部放大图-ex。
步骤2：选择命令。选择 视图布局 功能选项卡中的 ⓒA （局部视图）命令。
步骤3：定义放大区域。绘制如图 7.44 所示的圆作为放大区域，系统会弹出"局部视图"对话框。

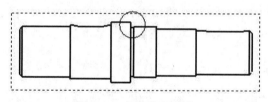

图 7.44　定义放大区域

步骤4：定义视图信息。在"局部视图"对话框的局部视图国标区域的样式下拉列表中选择"依照标准"，在 ⓒA 文本框中输入 I，在"局部视图"对话框的比例区域中选中 ◉ 使用自定义比例(C) 单选项，在比例下拉列表中选择 2:1，其他参数采用默认。
步骤5：放置视图。在主视图右侧的合适位置单击，便可生成局部放大视图。
步骤6：单击"局部视图"对话框中的 ✓ 按钮，完成操作。

7.2.10 辅助视图

辅助视图类似于投影视图，但它是垂直于现有视图中参考边线的展开视图，该参考边线可以是模型的一条边、侧影轮廓线、轴线或草图直线。辅助视图一般只要求表达出倾斜面的形状。下面以创建如图 7.45 所示的辅助视图为例，介绍创建辅助视图的一般操作过程。

步骤1：打开文件 D:\SOLIDWORKS 认证考试\work\ch07.02\10\辅助视图-ex。
步骤2：选择命令。选择 视图布局 功能选项卡中的 ⬨ （辅助视图）命令。

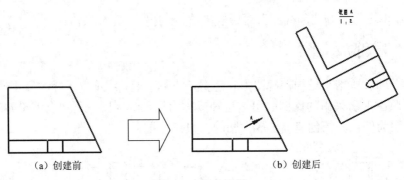

图 7.45 辅助视图

步骤 3：定义参考边线。在系统 请选择一参考边线来往下继续 的提示下，选取如图 7.46 所示的边线作为投影的参考边线，系统会弹出"辅助视图"对话框。

步骤 4：定义剖切信息。在"辅助视图"对话框的箭头区域的 文本框中输入 A，其他参数采用默认。

步骤 5：放置视图。在主视图右上方的合适位置单击，便可生成辅助视图。

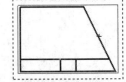

图 7.46 定义参考边线

步骤 6：单击"辅助视图"对话框中的 ✓ 按钮，完成操作。

说明：在创建辅助视图时，如果在视图中找不到合适的参考边线，则可以手动绘制 1 条直线并添加相应的几何约束，然后选取此直线作为参考边线。

7.2.11 断裂视图

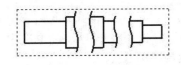

图 7.47 断裂视图

在机械制图中，经常会遇到一些细长形的零部件，若要反映整个零件的尺寸形状，则需用大幅面的图纸来绘制。为了既节省图纸幅面，又可以反映零件的形状与尺寸，在实际绘图中常采用断裂视图。断裂视图指的是从零件视图中删除选定两点之间的视图部分，将余下的两部分合并成一个带折断线的视图。下面以创建如图 7.47 所示的断裂视图为例，介绍创建断裂视图的一般操作过程。

步骤 1：打开文件 D:\SOLIDWORKS 认证考试\work\ch07.02\11\断裂视图-ex。

步骤 2：选择命令。选择 视图布局 功能选项卡中的 命令。

步骤 3：选择要断裂的视图。选取主视图作为要断裂的视图，系统会弹出"断裂视图"对话框。

步骤 4：定义断裂视图参数选项。在"断裂视图"对话框的断裂视图设置区域将切除方向设置为 ，在缝隙大小文本框中输入间隙值 10，将折断线样式设置为 曲线切断，其他参数采用默认。

步骤 5：定义断裂位置。放置如图 7.48 所示的第 1 条断裂线及第 2 条断裂线。

步骤 6：单击"断裂视图"对话框中的 ✓ 按钮，完成操作，如图 7.49 所示。

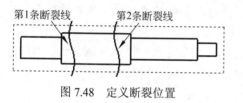

图 7.48　定义断裂位置

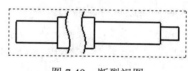

图 7.49　断裂视图

步骤 7：选择命令。选择 视图布局 功能选项卡中的 ⚡ 命令。

步骤 8：选择要断裂的视图。选取主视图作为要断裂的视图，系统会弹出"断裂视图"对话框。

步骤 9：定义断裂视图参数选项。在"断裂视图"对话框的断裂视图设置区域将切除方向设置为 ⚡，在缝隙大小文本框中输入间隙值 10，将折断线样式设置为 曲线切断，其他参数采用默认。

步骤 10：定义断裂位置。放置如图 7.50 所示的第 1 条断裂线及第 2 条断裂线。

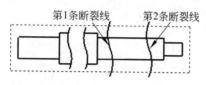

图 7.50　定义断裂位置

步骤 11：单击"断裂视图"对话框中的 ✓ 按钮，完成操作。

7.2.12　加强筋的剖切

下面以创建如图 7.51 所示的剖视图为例，介绍创建加强筋的剖视图的一般操作过程。

说明：在国家标准中规定，当剖切到加强筋结构时，需要按照不剖处理。

步骤 1：打开文件 D:\SOLIDWORKS 认证考试\work\ch07.02\12\加强筋的剖切-ex。

步骤 2：选择命令。选择 视图布局 功能选项卡中的 ⚡ 命令，系统会弹出"剖面视图辅助"对话框。

步骤 3：定义剖切类型。在"剖面视图辅助"对话框中选中剖面视图选项卡，在切割线区域中选中 ⚡。

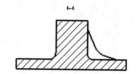

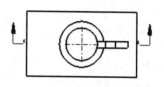

图 7.51　加强筋的剖切

步骤 4：定义剖切面位置。首先在绘图区域中选取如图 7.52 所示的圆心作为水平剖切面的位置，然后单击命令条中的 ✓ 按钮，系统会弹出"剖面视图"对话框。

步骤 5：定义不剖切的加强筋结构。首先在设计树中选取"筋 1"作为不剖切特征，然后单击对话框中的"确定"按钮,系统会弹出"剖面视图"对话框。

说明:只有使用筋命令创建的加强筋才可以被选取,由其他特征(例如拉伸)创建的筋特征不支持选取。

步骤 6:定义剖切信息。在"剖面视图"对话框的 文本框中输入 A,确认剖切方向如图 7.53 所示,如果方向不对,则可以单击"反转方向"按钮进行调整。

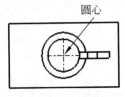

图 7.52 剖切位置

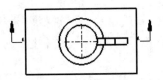

图 7.53 剖切方向

步骤 7:放置视图。在主视图上方的合适位置单击,便可生成剖视图。

步骤 8:单击"剖面视图 A-A"对话框中的 ✔ 按钮,完成操作。

7.2.13 装配体的剖切视图

4min

装配体工程图视图的创建方法与零件工程图视图的创建方法相似,但是在国家标准中针对装配体出工程图也有两点不同之处:一是装配体工程图中不同的零件在剖切时需要有不同的剖面线;二是装配体中有一些零件(例如标准件)是不可参与剖切的。下面以创建如图 7.54 所示的装配体全剖视图为例,介绍创建装配体剖切视图的一般操作过程。

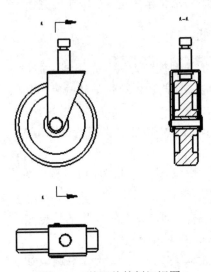

图 7.54 装配体的剖切视图

步骤 1:打开文件 D:\SOLIDWORKS 认证考试\work\ch07.02\13\装配体剖切-ex。

步骤 2:选择命令。选择 视图布局 功能选项卡中的 ⬚ 命令,系统会弹出"剖面视图辅助"对话框。

步骤3：定义剖切类型。在"剖面视图辅助"对话框中选中剖面视图选项卡，在切割线区域中选中 (竖直)。

步骤4：定义剖切面位置。首先在绘图区域中选取如图7.55所示的圆弧圆心作为竖直剖切面的位置，然后单击命令条中的 按钮，系统会弹出"剖面视图"对话框。

步骤5：定义不剖切的零部件。首先在设计树中选取如图7.56所示的"固定螺钉"作为不剖切特征，选中"剖面视图"对话框中的 自动打剖面线(A)，然后单击对话框中的"确定"按钮，系统会弹出"剖面视图"对话框。

步骤6：定义剖切信息。在"剖面视图"对话框的 文本框中输入A，单击切割线区域中的"反转方向"按钮调整剖切方向，如图7.57所示。

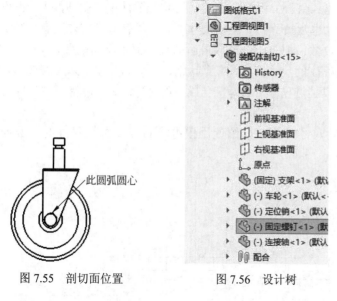

图 7.55　剖切面位置　　　　图 7.56　设计树　　　　图 7.57　剖切方向

步骤7：放置视图。在主视图右侧的合适位置单击，便可生成剖视图。
步骤8：单击"剖面视图A-A"对话框中的 按钮，完成操作。

7.3　工程图标注

7.3.1　尺寸标注

15min

在工程图的各种标注中，尺寸标注是最重要的一种，它有着自身的特点与要求。首先尺寸是反映零件几何形状的重要信息（对于装配体，尺寸是反映连接配合部分、关键零部件尺寸等的重要信息）。在具体的工程图尺寸标注中，应力求尺寸能全面地反映零件的几何形状，既不能有遗漏的尺寸，也不能有重复的尺寸。在本书中，为了便于介绍某些尺寸的操作，并未标注出能全面地反映零件几何形状的全部尺寸；其次，工程图中的尺寸标注是与模型相关联的，而且模型中的变更会反映到工程图中，在工程图中改变尺寸也会改变模型。最后由于尺寸标注属于机械制图的一个必不可少的部分，因此标注应符合制图标准中的相关要求。

在 SOLIDWORKS 软件中，工程图中的尺寸被分为两种类型：模型尺寸和参考尺寸。模型尺寸是存在于系统内部数据库中的尺寸信息，它们是来源于零件的三维模型的尺寸；参考尺寸是用户根据具体的标注需要手动创建的尺寸。这两类尺寸的标注方法不同，功能与应用也不同。通常先显示出存在于系统内部数据库中的某些重要的尺寸信息，再根据需要手动创建某些尺寸。

1. 自动标注尺寸（模型项目）

在 SOLIDWORKS 软件中，模型项目是在创建零件特征时由系统自动生成的尺寸，当在工程图中显示模型项目的尺寸及修改零件模型的尺寸时，工程图的尺寸会更新，同样，在工程图中修改模型尺寸也会改变模型；由于工程图中的模型尺寸受零件模型驱动，并且也可反过来驱动零件模型，所以这些尺寸也常被称为"驱动尺寸"。这里有一点需要注意：在工程图中可以修改模型尺寸值的小数位数，但是四舍五入之后的尺寸值不驱动模型。

模型尺寸是创建零件特征时标注的尺寸信息，在默认情况下，将模型插入工程图时，这些尺寸是不可见的，选择 注解 功能选项卡下的 （模型项目）命令，可将模型尺寸在工程图中自动地显现出来。

下面以标注如图 7.58 所示的尺寸为例，介绍使用模型项目自动标注尺寸的一般操作过程。

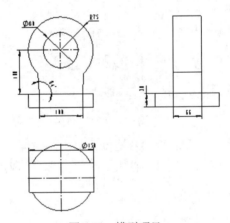

图 7.58 模型项目

步骤 1：打开文件 D:\SOLIDWORKS 认证考试\work\ch07.03\01\模型项目-ex。

步骤 2：选择命令。选择 注解 功能选项卡下的 命令，系统会弹出"模型项目"对话框。

步骤 3：选取要标注的视图或特征。在 来源/目标(S) 区域中的 来源 下拉列表中选取 整个模型 选项，并选中 ☑将项目输入到所有视图(I) 复选框。

步骤 4：在 尺寸(D) 区域中按下"为工程图标注"按钮 ⬚，并选中 ☑消除重复(E) 复选框，其他设置接受系统默认值。

步骤 5：单击"模型项目"窗口中的"确定"按钮 ✓。

说明：在 尺寸(D) 区域中，只有按钮 ⬚（孔向导轮廓）和按钮 ⬚（孔标注）不能同时按下外，其他都可以同时按下。

2. 手动标注尺寸（模型项目）

当自动生成的尺寸不能全面地表达零件的结构或在工程图中需要增加一些特定的标注时，就需要手动标注尺寸。由于这类尺寸受零件模型所驱动，所以又常被称为"从动尺寸"（参考尺寸）。手动标注尺寸与零件或装配体具有单向关联性，即这些尺寸受零件模型所驱动，当零件模型的尺寸改变时，工程图中的尺寸也会随之改变，但这些尺寸的值在工程图中不能被修改。

下面将详细介绍标注智能尺寸、基准尺寸、尺寸链、孔标注和倒角尺寸的方法。

1）标注智能尺寸

智能尺寸是系统根据用户所选择的对象自动判断尺寸类型并完成尺寸标注，此功能与草图环境中的智能尺寸标注比较类似。下面以标注如图 7.59 所示的尺寸为例，介绍标注智能尺寸的一般操作过程。

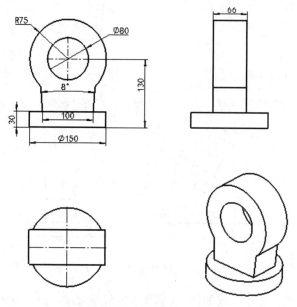

图 7.59　标注智能尺寸

步骤 1：打开文件 D:\SOLIDWORKS 认证考试\work\ch07.03\02\智能尺寸-ex。

步骤 2：选择命令。选择 注解 功能选项卡下的 ⬚ （智能尺寸）命令，系统会弹出"尺寸"对话框。

步骤 3：标注水平竖直间距。选取如图 7.60 所示的竖直边线，在左侧合适的位置单击即可放置尺寸，如图 7.61 所示。

步骤 4：参考步骤 3 标注其他水平竖直尺寸，完成后如图 7.62 所示。

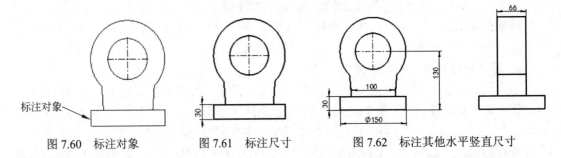

图 7.60　标注对象　　　图 7.61　标注尺寸　　　图 7.62　标注其他水平竖直尺寸

步骤 5：标注半径及直径尺寸。选取如图 7.63 所示的圆形边线，在合适的位置单击即可放置尺寸，如图 7.64 所示。

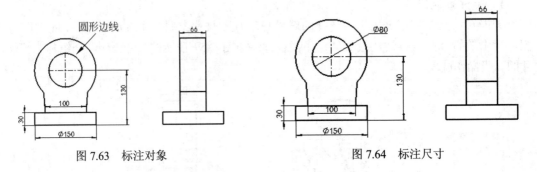

图 7.63　标注对象　　　　　　　　图 7.64　标注尺寸

步骤 6：参考步骤 5 标注其他半径及直径尺寸，完成后如图 7.65 所示。

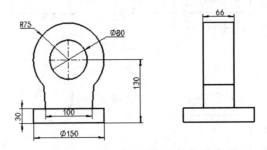

图 7.65　标注其他半径及直径尺寸

步骤 7：标注角度尺寸。选取如图 7.66 所示的两条边线，在合适的位置单击即可放置尺寸，如图 7.67 所示。

2）标注基准尺寸

基准尺寸是用于工程图中的参考尺寸，无法更改其数值或将其用来驱动模型。下面以标注如图 7.68 所示的尺寸为例，介绍标注基准尺寸的一般操作过程。

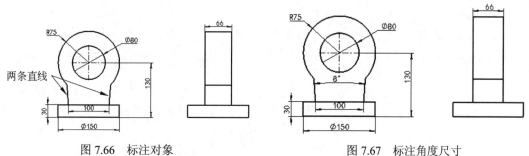

图 7.66 标注对象　　　　　　　　　图 7.67 标注角度尺寸

步骤1：打开文件 D:\SOLIDWORKS 认证考试\work\ch07.03\03\基准尺寸-ex。
步骤2：选择命令。单击 注解 功能选项卡 下的 按钮，选择 基准尺寸 命令。
步骤3：选择标注参考对象。依次选择如图 7.69 所示的直线1、直线2、直线3、直线4 和直线5。

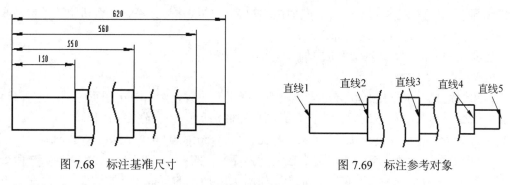

图 7.68 标注基准尺寸　　　　　　　图 7.69 标注参考对象

步骤4：单击"尺寸"对话框中的 按钮完成操作。

3）标注尺寸链

下面以标注如图 7.70 所示的尺寸为例，介绍标注尺寸链的一般操作过程。
步骤1：打开文件 D:\SOLIDWORKS 认证考试\work\ch07.03\04\尺寸链-ex。
步骤2：选择命令。单击 注解 功能选项卡 下的 按钮，选择 尺寸链 命令。
步骤3：选择标注参考对象。首先选取如图 7.71 所示的直线1，然后在上方的合适位置放置，得到 0 参考位置，最后依次选取如图 7.71 所示的直线2、直线3、直线4 和直线5。

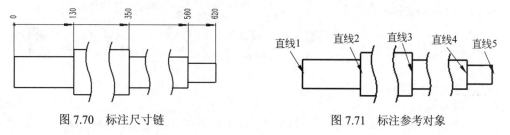

图 7.70 标注尺寸链　　　　　　　　图 7.71 标注参考对象

步骤4：单击"尺寸"对话框中的 按钮完成操作。

4）孔标注

使用"智能尺寸"命令可标注一般的圆柱（孔）尺寸，如只含单一圆柱的通孔，对于标注含较多尺寸信息的圆柱孔，如沉孔等，可使用"孔标注"命令来创建。下面以标注如图7.72所示的尺寸为例，介绍孔标注的一般操作过程。

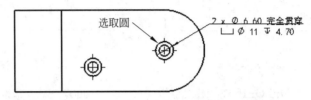

图 7.72 孔标注

步骤1：打开文件 D:\SOLIDWORKS 认证考试\work\ch07.03\05\孔标注-ex。

步骤2：选择命令。选择 注解 功能选项卡中的 孔标注 命令。

步骤3：选择标注参考对象。选取如图7.73所示的圆作为参考，在合适位置单击，便可标注尺寸。

步骤4：单击"尺寸"对话框中的 ✓ 按钮完成操作。

5）标注倒角尺寸

标注倒角尺寸时，先选取倒角边线，再选择引入边线，然后单击图形区域来放置尺寸。下面以标注如图7.73所示的尺寸为例，介绍标注倒角尺寸的一般操作过程。

步骤1：打开文件 D:\SOLIDWORKS 认证考试\work\ch07.03\06\倒角尺寸-ex。

步骤2：选择命令。单击 注解 功能选项卡 下的 ▼ 按钮，选择 倒角尺寸 命令。

步骤3：选择标注参考对象。首先选取如图7.74所示的直线1与直线2，然后在上方的合适位置放置，系统会弹出"尺寸"对话框。

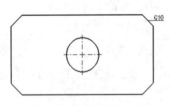

图 7.73 标注倒角尺寸

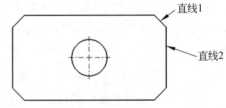

图 7.74 标注参考对象

步骤4：定义标注尺寸文字类型。在"尺寸"窗口的标注尺寸文字区域单击 C1 按钮。

步骤5：单击"尺寸"对话框中的 ✓ 按钮完成操作。

7.3.2 公差标注

在 SOLIDWORKS 系统下的工程图模式中，尺寸公差只有在手动标注或编辑尺寸时才能添加上公差值。尺寸公差一般以最大极限偏差和最小极限偏差的形式显示尺寸、以公称尺寸并带有一个上偏差和一个下偏差的形式显示尺寸和以公称尺寸之后加上一个正负号显示尺寸等。在默认情况下，系统只显示尺寸的公称值，可以通过编辑来显示尺寸的公差。

下面以标注如图 7.75 所示的公差为例，介绍标注公差尺寸的一般操作过程。

步骤 1：打开文件 D:\SOLIDWORKS 认证考试\work\ch07.03\07\公差标注-ex。

步骤 2：选取要添加公差的尺寸。选取如图 7.76 所示的尺寸 130。系统会弹出"尺寸"窗口。

步骤 3：定义公差。在"尺寸"窗口的 **公差/精度(P)** 区域中设置如图 7.77 所示的参数。

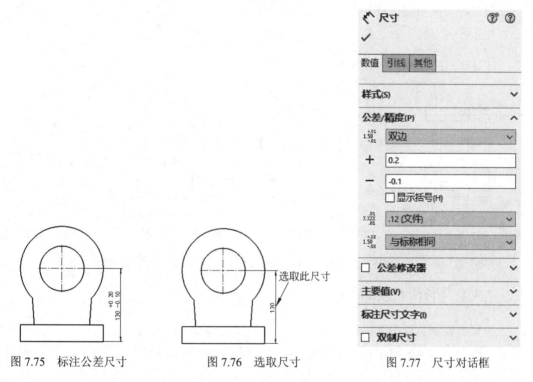

图 7.75　标注公差尺寸　　图 7.76　选取尺寸　　图 7.77　尺寸对话框

步骤 4：单击"尺寸"窗口中的 ✓ 按钮，完成添加公差尺寸。

7.3.3　基准标注

在工程图中，基准标注（基准面和基准轴）常被作为几何公差的参照。基准面一般标注在视图的边线上，基准轴一般标注在中心轴或尺寸上。在 SOLIDWORKS 中标注基准面和基准轴都是通过"基准特征"命令实现的。下面以标注如图 7.78 所示的基准标注为例，介绍基准标注的一般操作过程。

步骤 1：打开文件 D:\SOLIDWORKS 认证考试\work\ch07.03\08\基准标注-ex。

步骤 2：选择命令。选择 注解 功能选项卡中的 基准特征 命令，系统会弹出"基准特征"对话框。

步骤 3：设置参数 1。在"基准特征"窗口 标号设定(S) 区域的 A 文本框中输入 A，在 引线(E) 区域取消选中 □使用文件样式(U) 单选项，按下 ⊡（方形按钮）及 ▲（实三角形按钮）。

步骤 4：放置基准特征符号 1。选择如图 7.79 所示的边线，在合适的位置单击，便可放置基准特征符号，效果如图 7.80 所示。

步骤 5：设置参数 2。在"基准特征"窗口 标号设定(S) 区域的 A 文本框中输入 B，在 引线(E) 区域取消选中 □使用文件样式(U) 单选项，按下 ⊡ 及 ▲。

步骤 6：放置基准特征符号 2。选择值为 80 的尺寸，在合适的位置单击，便可放置基准特征符号，效果如图 7.81 所示。

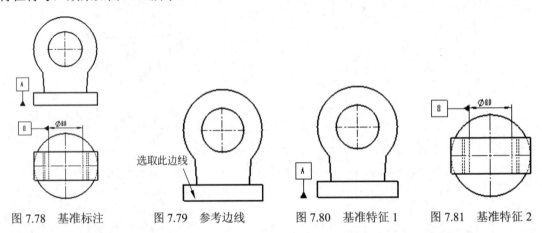

图 7.78　基准标注　　　图 7.79　参考边线　　　图 7.80　基准特征 1　　　图 7.81　基准特征 2

步骤 7：单击"基准特征"窗口中的"确定"按钮 ✓，完成基准的标注。

7.3.4　形位公差标注

形状公差和位置公差简称形位公差，也叫几何公差，用来指定零件的尺寸、形状与精确值之间所允许的最大偏差。下面以标注如图 7.82 所示的形位公差为例，介绍形位公差标注的一般操作过程。

步骤 1：打开文件 D:\SOLIDWORKS 认证考试\work\ch07.03\09\形位公差标注-ex。

步骤 2：选择命令。选择 注解 功能选项卡中的 形位公差 命令，系统会弹出"形位公差"对话框。

步骤 3：放置引线参数。在形位公差对话框的引线区域中选中 ⌐（折弯引线），其他参数采用默认。

步骤 4：放置形位公差符号。选取如图 7.83 所示的边线，在合适的位置单击以放置形位公差。

步骤 5：设置参数属性。在"公差"对话框中选择 ∥ 按钮，在"公差值"文本框中输入公差值 0.06，单击 添加基准 按钮，在弹出的对话框中确认基准为 A。

步骤 6：单击"形位公差"窗口中的"确定"按钮 ✓，完成形位公差的标注。

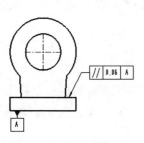
图 7.82 形位公差标注

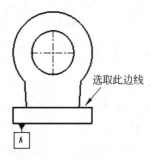
图 7.83 选取放置参考

7.3.5 粗糙度符号标注

在机械制造中，任何材料表面经过加工后，加工表面上都会具有较小间距和峰谷的不同起伏，这种微观的几何形状误差叫作表面粗糙度。下面以标注如图 7.84 所示的粗糙度符号为例，介绍粗糙度符号标注的一般操作过程。

2min

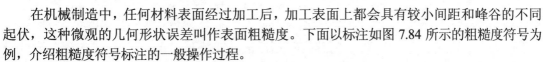
图 7.84 粗糙度符号标注

步骤 1：打开文件 D:\SOLIDWORKS 认证考试\work\ch07.03\10\粗糙度符号-ex。

步骤 2：选择命令。选择 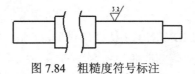 功能选项卡中的 命令，系统会弹出"表面粗糙度"对话框。

步骤 3：定义表面粗糙度符号。在"表面粗糙度"对话框设置如图 7.85 所示的参数。

步骤 4：放置表面粗糙度符号。选择如图 7.86 所示的边线放置表面粗糙度符号。

图 7.85 "表面粗糙度"对话框

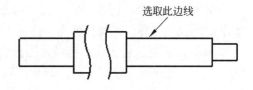
图 7.86 选取放置参考

步骤 5：单击"表面粗糙度"窗口中的"确定"按钮 ✓，完成表面粗糙度的标注。

7.3.6 注释文本标注

在工程图中，除了尺寸标注外，还应有相应的文字说明，即技术要求，如工件的热处理要求、表面处理要求等，所以在创建完视图的尺寸标注后，还需要创建相应的注释标注。工程图中的注释主要分为两类：带引线的注释与不带引线的注释。下面以标注如图 7.87 所示的注释为例，介绍注释标注的一般操作过程。

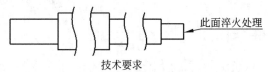

技术要求
1：未注圆角为R2。
2：未注倒角为C1。
3：表面不得有毛刺等瑕疵。

图 7.87 注释标注

步骤 1：打开文件 D:\SOLIDWORKS 认证考试\work\ch07.03\11\注释标注-ex。

步骤 2：选择命令。选择 注解 功能选项卡中的 A 命令，系统会弹出"注释"对话框。

步骤 3：选取放置注释文本位置。在视图下的空白处单击，系统会弹出"格式化"命令条。

步骤 4：设置字体与大小。在"格式化"命令条中将字体设置为宋体，将字高设置为5，其他采用默认。

步骤 5：创建注释文本。在弹出的注释文本框中输入文字"技术要求"，单击"注释"对话框中的"确定"按钮 ✓。

步骤 6：选择命令。选择 注解 功能选项卡中的 A 命令，系统会弹出"注释"对话框。

步骤 7：选取放置注释文本位置。在视图下的空白处单击，系统会弹出"格式化"命令条。

步骤 8：创建注释文本。在格式化命令条中将字体设置为宋体，字高为默认的 3.5，在注释文本框中输入文字"1：未注圆角为 R2。2：未注倒角为 C1。3：表面不得有毛刺等瑕疵。"单击"注释"窗口中的"确定"按钮 ✓，如图 7.88 所示。

步骤 9：选择命令。选择 注解 功能选项卡中的 A 命令，系统会弹出"注释"对话框。

步骤 10：定义引线类型。设置引线区域，如图 7.89 所示。

步骤 11：选取要注释的特征。选取如图 7.90 所示的边线作为要注释的特征，在合适的位置单击以放置注释，系统会弹出"注释"文本框。

步骤 12：创建注释文本。在格式化命令条中将字体设置为宋体，字高为默认的 3.5，在"注释"文本框中输入文字"此面淬火处理"。

技术要求
1：未注圆角为R2。
2：未注倒角为C1。
3：表面不得有毛刺等瑕疵。

图 7.88　注释文本

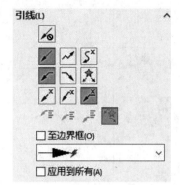

图 7.89　引线区域设置

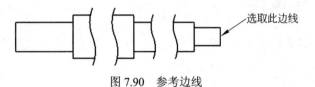

图 7.90　参考边线

步骤 13：单击"注释"窗口中的"确定"按钮 ✓ ，完成注释的标注。

第 8 章　CSWA 考试样题

8.1　CSWA 考试样题 1

1. 要创建工程图视图 B，需要在工程图视图 A 上绘制 1 条封闭样条曲线，然后通过插入哪种 SOLIDWORKS 视图类型实现，如图 8.1 所示。

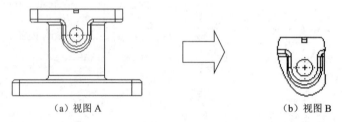

（a）视图 A　　　　　　　　　　　（b）视图 B

图 8.1　题目 1

A. 投影视图　　　B. 局部放大视图　　　C. 剪裁视图　　　D. 剖视图

解题过程：由于视图 A 为正常的视图，视图 B 为视图 A 中的一部分，并且没有放大处理，所以需要使用 SOLIDWORKS 中的剪裁视图命令得到，所以此题选 C。

2. 要创建工程图视图 B，需要在工程图视图 A 上绘制 1 条封闭样条曲线，然后通过插入哪种 SOLIDWORKS 视图类型实现，如图 8.2 所示。

A. 辅助视图　　　B. 断开的剖视图　　　C. 局部视图　　　D. 剖视图

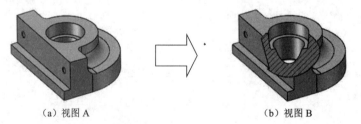

（a）视图 A　　　　　　　　　　　（b）视图 B

图 8.2　题目 2

解题过程：由于视图 A 为正常的视图，视图 B 为将视图 A 中的一部分剖切以查看内部结构，此视图为局部剖视图，在 SOLIDWORKS 中需要利用断开的剖视图进行创建，所以此题选 B。

3. 如图 8.3 所示的视图需要通过插入哪种 SOLIDWORKS 视图类型实现。

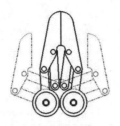

图 8.3 题目 3

A. 投影视图　　　　B. 伸展视图　　　　C. 交替位置视图　　D. 剖视图

解题过程：由于视图呈现的为装配体中不同位置，在 SOLIDWORKS 中需要利用交替位置视图创建，所以此题选 C。

4. 在 SOLIDWORKS 中_____是有效的装配格式。

A. .Sldprt　　　　　B. .Sldasm　　　　C. .Slddrw　　　　D. .Sldxml

解题过程：由于在 SOLIDWORKS 中标准零件格式为.Sldprt，标准装配格式为.Sldasm，标准工程图格式为.Slddrw，所以此题选 B。

5. 建模题 1：在 SOLIDWORKS 中根据如图 8.4 所示的图纸创建零件模型，单位制：MMGS，小数位数：2；零件原点：任意；材料：AISI1020，密度：$0.0079g/mm^3$，未标注深度的孔均为贯穿，注意圆弧处相切的约束，A=81，B=57，C=43，求模型的质量是多少克。

A. 939.54　　　　　B. 557.64　　　　　C. 118.93　　　　　D. 1028.33

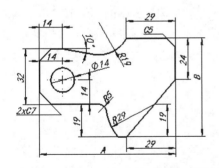 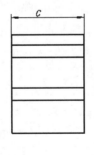 

图 8.4 题目 5（建模题 1）

解题过程如下。

步骤 1：新建模型文件，选择"快速访问工具栏"中的 命令，在系统弹出的"新建 SOLIDWORKS 文件"对话框中选择"零件" ，单击"确定"按钮进入零件建模环境。

步骤 2：设置单位与精度。选择下拉菜单 工具(T) → 选项(P)... 命令，在"文档属性"选项卡单击"单位"节点，选中 MMGS(毫米、克、秒)(G) 单选项，将"质量/截面属性"的精度设置为保留两位，如图 8.5 所示。

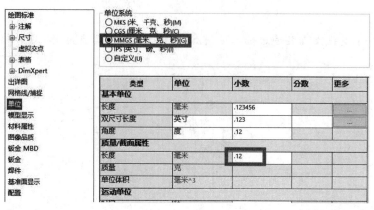

图 8.5 设置单位与精度

步骤 3：设置材料。在设计树中右击 材质 <未指定>，在系统弹出的快捷菜单中选择 编辑材料(A) 命令，在系统弹出的"材料"对话框中选择 solidworks materials → 钢 → AISI 1020 材料，单击 应用(A) 与 关闭(C) 按钮完成材料的设置。

步骤 4：设置全局变量。选择下拉菜单 工具(T) → ∑ 方程式(Q)... 命令，在"方程式、整体变量及尺寸"对话框中添加 A、B、C 变量，值分别为 81、57、43，完成后如图 8.6 所示。

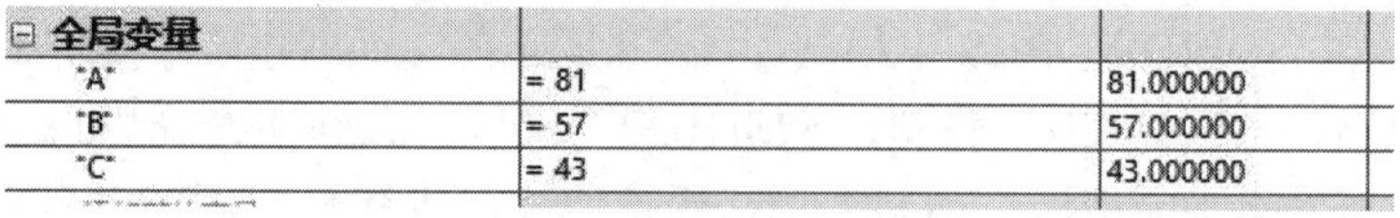

全局变量		
"A"	= 81	81.000000
"B"	= 57	57.000000
"C"	= 43	43.000000

图 8.6 设置全局变量

步骤 5：创建如图 8.7 所示的凸台-拉伸 1。单击 特征 功能选项卡中的 按钮，在系统的提示下选取"前视基准面"作为草图平面，绘制如图 8.8 所示的截面草图（总长尺寸=A，总宽度=B）；在"凸台-拉伸"对话框 方向 1(1) 区域的下拉列表中选择 两侧对称，输入深度值 C；单击 ✓ 按钮，完成凸台-拉伸 1 的创建。

图 8.7 凸台-拉伸 1

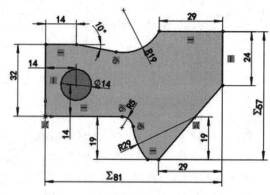

图 8.8 截面草图

步骤 6：创建如图 8.9 所示的倒角 1。单击 特征 功能选项卡 下的 按钮，选择 倒角 命令，在"倒角"对话框中选择"角度距离" 单选项，在系统的提示下选取如图 8.10 所示的边线作为倒角对象，在"倒角"对话框的 倒角参数 区域中的 文本框中输入倒角距离值 7，在 文本框中输入倒角角度值 45，在"倒角"对话框中单击 按钮，完成倒角的定义。

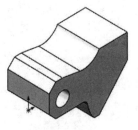
图 8.9　倒角 1

图 8.10　倒角对象

步骤 7：创建如图 8.11 所示的倒角 2。单击 特征 功能选项卡 下的 按钮，选择 倒角 命令，在"倒角"对话框中选择"角度距离" 单选项，在系统的提示下选取如图 8.12 所示的边线作为倒角对象，在"倒角"对话框的 倒角参数 区域中的 文本框中输入倒角距离值 5，在 文本框中输入倒角角度值 45，在"倒角"对话框中单击 按钮，完成倒角的定义。

图 8.11　倒角 2

图 8.12　倒角对象

步骤 8：查看质量属性。单击 评估 功能选项卡下的 命令，系统会自动选取模型实体作为测量对象，在结果区域查看质量属性即可，如图 8.13 所示，因此此题选择 A。

```
坐标系: -- 默认 --
密度 = 0.01 克 / 立方毫米
质量 = 939.54 克
体积 = 118929.06 立方毫米
表面积 = 17630.06 平方毫米
重心: (毫米)
  X = 44.62
  Y = 14.31
  Z = 0.00
```

图 8.13　测量结果

6. 建模题 2：首先使用上一道题目创建的模型，然后对全局变量中的参数进行修改，A=84，B=59，C=45，求模型最新的质量为_____克。

解题过程如下。

步骤 1：选择下拉菜单 工具(T) → Σ 方程式(Q)... 命令，在“方程式、整体变量及尺寸”对话框中将 A、B、C 变量的值分别修改为 84、59、45，完成后如图 8.14 所示。

步骤 2：查询质量属性。单击 评估 功能选项卡下的 命令，系统会自动选取模型实体作为测量对象，在结果区域查看质量属性即可，如图 8.15 所示，因此此题答案为 1032.32g。

全局变量		
"A"	= 84	84.000000
"B"	= 59	59.000000
"C"	= 45	45.000000

图 8.14　全局变量

密度 = 0.01 克 / 立方毫米

质量 = 1032.32 克

体积 = 130673.50 立方毫米

表面积 = 18874.14 平方毫米

重心：(毫米)
X = 46.55
Y = 14.79
Z = 0.00

图 8.15　测量结果

7. 建模题 3：使用上一道题目创建的模型，根据如图 8.16 所示的图纸修改模型，未标注的尺寸均按照上一题目的大小，全局变量的值 A=86，B=58，C=44，求模型最新的质量。

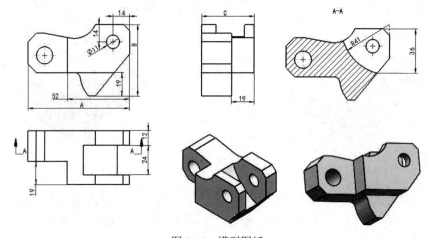

图 8.16　模型图纸

解题过程如下。

步骤 1：选择下拉菜单 工具(T) → Σ 方程式(Q)... 命令，在“方程式、整体变量及尺寸”对话框中将 A、B、C 变量的值分别修改为 86、58、44，完成后如图 8.17 所示。

全局变量		
"A"	= 86	86.000000
"B"	= 58	58.000000
"C"	= 44	44.000000

图 8.17　修改全局变量

步骤2：创建如图8.18所示的切除-拉伸1。单击 特征 功能选项卡中的 按钮，在系统的提示下选取如图8.18所示的平面作为草图平面，绘制如图8.19所示的截面草图；在"切除-拉伸"对话框 方向1(1) 区域的下拉列表中选择 给定深度 ，深度值为19；单击 ✓ 按钮，完成切除-拉伸1的创建。

步骤3：创建如图8.20所示的切除-拉伸2。单击 特征 功能选项卡中的 按钮，在系统的提示下选取如图8.20所示的平面作为草图平面，绘制如图8.21所示的截面草图；在"切除-拉伸"对话框 方向1(1) 区域的下拉列表中选择 给定深度 ，深度值为19；单击 ✓ 按钮，完成切除-拉伸2的创建。

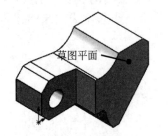
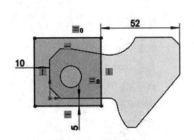

图 8.18　切除-拉伸 1　　　　图 8.19　截面草图　　　　图 8.20　切除-拉伸 2

步骤4：创建如图8.22所示的基准面1。单击 特征 功能选项卡 下的 按钮，选择 基准面 命令，选取如图8.22所示的模型表面作为参考平面，在"基准面"对话框 文本框中输入间距值12，方向参考图8.22。单击 ✓ 按钮，完成基准面的定义。

步骤5：创建如图8.23所示的切除-拉伸3。单击 特征 功能选项卡中的 按钮，在系统的提示下选取步骤4创建的基准面作为草图平面，绘制如图8.24所示的截面草图；在"切除-拉伸"对话框 方向1(1) 区域的下拉列表中选择 给定深度 ，深度值为24；单击 ✓ 按钮，完成切除-拉伸3的创建。

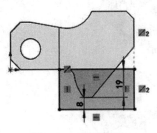

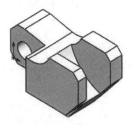

图 8.21　截面草图　　　　图 8.22　基准面 1　　　　图 8.23　切除-拉伸 3

步骤6：创建如图8.25所示的切除-拉伸4。单击 特征 功能选项卡中的 按钮，在系统的提示下选取如图8.25所示的模型表面作为草图平面，绘制如图8.26所示的截面草图；在"切除-拉伸"对话框 方向1(1) 区域的下拉列表中选择 完全贯穿 ；单击 ✓ 按钮，完成切除-拉伸4的创建。

图 8.24 截面草图　　　图 8.25 切除-拉伸 4　　　图 8.26 截面草图

步骤 7：查看质量属性。单击 评估 功能选项卡下的 命令，系统会自动选取模型实体作为测量对象，在结果区域查看质量属性即可，如图 8.27 所示，因此此题答案为 628.18g。

图 8.27 测量结果

8. 建模题 4：使用上一道题目创建的模型，根据如图 8.28 所示的图纸修改模型，未标注的尺寸均按照上一题目的大小，在其中一侧添加凹槽，修改后模型将不对称，未标注部分壁厚均为 1，求模型最新的质量为＿＿＿＿克。

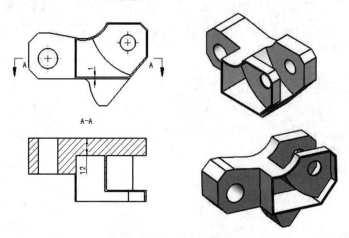

图 8.28 题目 8（建模题 4）

解题过程如下。

步骤 1：创建如图 8.29 所示的切除-拉伸 5。单击 特征 功能选项卡中的 按钮，在系统的提示下选取如图 8.30 所示的模型表面作为草图平面，绘制如图 8.31 所示的截面草图；在

"切除-拉伸"对话框 方向1(1) 区域的下拉列表中选择 到离指定面指定的距离 ，选取如图 8.32 所示的面作为参考，距离为 1；单击 ✓ 按钮，完成切除-拉伸 5 的创建。

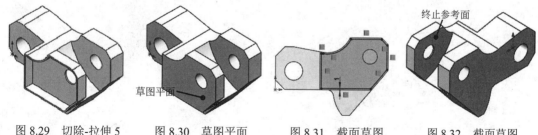

图 8.29　切除-拉伸 5　　　图 8.30　草图平面　　　图 8.31　截面草图　　　图 8.32　截面草图

步骤 2：创建如图 8.33 所示的切除-拉伸 6。单击 特征 功能选项卡中的 按钮，在系统的提示下选取如图 8.33 所示的模型表面作为草图平面，绘制如图 8.34 所示的截面草图；在"切除-拉伸"对话框 方向1(1) 区域的下拉列表中选择 到离指定面指定的距离 ，选取如图 8.35 所示的面作为参考，距离为 12；单击 ✓ 按钮，完成切除-拉伸 6 的创建。

图 8.33　切除-拉伸 6　　　　　图 8.34　截面草图　　　　　图 8.35　截面草图

步骤 3：查看质量属性。单击 评估 功能选项卡下的 （质量属性）命令，系统会自动选取模型实体作为测量对象，在结果区域查看质量属性即可，如图 8.36 所示，因此此题答案为 432.58g。

密度 = 0.01 克 / 立方毫米
质量 = 432.58 克
体积 = 54757.26 立方毫米
表面积 = 21486.48 平方毫米
重心:（毫米）
　X = 42.60
　Y = 12.68
　Z = -10.17

图 8.36　测量结果

9. 装配题 1：根据如图 8.37 所示的图纸装配产品，长短销均与链环同轴心并且侧面重合，单位制：MMGS；小数位数：2；A=25°，B=125°，C=130°，参考坐标系如图 8.37 所示，求产品相对于参考坐标系的质心是多少毫米。

A. X=348.66　Y=-88.48　Z=-91.40　　　B. X=448.66　Y=-208.48　Z=-34.64

C. X=308.53 Y=−109.89 Z=−61.40   D. X=298.66 Y=−17.48 Z=−89.22

(a) 视图 A　　　　　　　　　　　　　　(b) 视图 B

图 8.37　装配图纸

解题过程如下。

步骤 1：新建装配文件。选择"快速访问工具栏"中的 ⬜· 命令，在"新建 SOLIDWORKS 文件"对话框中选择"装配体"模板，单击"确定"按钮进入装配环境，关闭"打开"与"开始装配体"对话框。

步骤 2：设置单位与精度。选择下拉菜单 工具(T) → 选项(P)... 命令，在"文档属性"选项卡单击"单位"节点，选中 ⦿ MMGS (毫米、克、秒)(G) 单选项，将"质量/截面属性"的精度设置为保留两位。

步骤 3：装配 long_pin 零部件。

（1）选择要添加的零部件。首先单击 装配体 功能选项卡 插入零部件 下的 ▼ 按钮，选择 插入零部件 命令，在打开的对话框中选择 D:\SOLIDWORKS 认证考试\work\ch08.01\ChainLinkAssembly 中的 long_pin，然后单击"打开"按钮。

（2）定位零部件。直接单击开始装配体对话框中的 ✓ 按钮，即可把零部件固定到装配原点处（零件的 3 个默认基准面与装配体的 3 个默认基准面分别重合），如图 8.38 所示。

步骤 4：装配 chain_link 零部件。

（1）引入第 2 个零部件。首先单击 装配体 功能选项卡 插入零部件 下的 ▼ 按钮，选择 插入零部件 命令，在打开的对话框中选择 D:\SOLIDWORKS 认证考试\work\ch08.01\ChainLinkAssembly 中的 chain_link，然后单击"打开"按钮，在图形区的合适位置单击，便可放置第 2 个零件，通过旋转零部件命令将模型调整至如图 8.39 所示的方位。

图 8.38　long_pin 零件

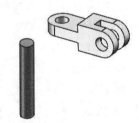

图 8.39　引入 chain_link 零件 01

（2）定义同轴心配合。单击 装配体 功能选项卡中的 配合 命令，系统会弹出"配合"对话框；在绘图区域中分别选取如图 8.40 所示的面 1 与面 2 作为配合面，系统会自动在"配合"对话框的标准选项卡中选中 ⊚ 同轴心(N)，单击"配合"对话框中的 ✓ 按钮，完成同轴心配合的添加，效果如图 8.41 所示。

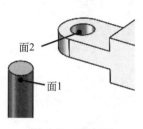
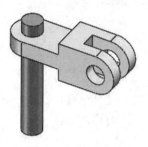

图 8.40　配合面　　　　　　　　　图 8.41　同轴心配合

（3）定义重合配合 1。在绘图区域中分别选取如图 8.42 所示的面 1 与面 2 作为配合面，单击"配合"对话框中的 ✓ 按钮，完成重合配合的添加，效果如图 8.43 所示。

（4）定义重合配合 2。在绘图区域中分别选取 long_pin 零件的 Right Plane 平面与 chain_link 零件的 Front Plane 平面，单击"配合"对话框中的 ✓ 按钮，完成重合配合的添加，效果如图 8.44 所示。

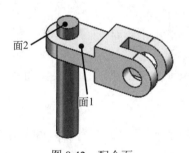

图 8.42　配合面　　　　图 8.43　重合配合 1　　　　图 8.44　重合配合 2

步骤 5：装配 chain_link 零部件。

（1）引入第 3 个零部件。首先单击 装配体 功能选项卡 插入零部件 下的 ▼ 按钮，选择 插入零部件 命令，在打开的对话框中选择 D:\SOLIDWORKS 认证考试\work\ch08.01\ChainLinkAssembly 中的 chain_link，然后单击"打开"按钮，在图形区的合适位置单击放置第 3 个零件，通过旋转零部件命令将模型调整至如图 8.45 所示的方位。

（2）定义同轴心配合。单击 装配体 功能选项卡中的 配合 命令，系统会弹出"配合"对话框；在绘图区域中分别选取如图 8.46 所示的面 1 与面 2 作为配合面，系统会自动在"配合"对话框的标准选项卡中选中 ⊚ 同轴心(N)，单击"配合"对话框中的 ✓ 按钮，完成同轴心配合的添加，效果如图 8.47 所示。

 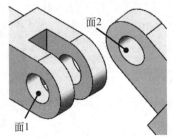 

图 8.45　引入 chain_link 零件 02　　　图 8.46　配合面　　　图 8.47　同轴心配合

（3）定义重合配合。在绘图区域中分别选取如图 8.48 所示的面 1 与面 2 作为配合面，单击"配合"对话框中的 ✓ 按钮，完成重合配合的添加，效果如图 8.49 所示。

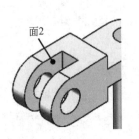  

图 8.48　配合面　　　　　　　　　　　图 8.49　重合配合

（4）定义角度配合。在绘图区域中分别选取如图 8.50 所示的面 1 与面 2 作为配合面，激活 ⌂ ，在文本框中输入角度 25，取消选中 □反转尺寸(F) ，选中 ⌘（同向对齐）使方向如图 8.51 所示，单击"配合"对话框中的 ✓ 按钮，完成角度配合的添加，效果如图 8.51 所示。

步骤 6：装配 chain_link 零部件。

（1）引入第 4 个零部件。首先单击 装配体 功能选项卡 下的 ▼ 按钮，选择 插入零部件 命令，在打开的对话框中选择 D:\SOLIDWORKS 认证考试\work\ch08.01\ChainLinkAssembly 中的 chain_link，然后单击"打开"按钮，在图形区的合适位置单击，便可放置第 4 个零件，通过旋转零部件命令将模型调整至如图 8.52 所示的方位。

图 8.50　配合面　　　　　图 8.51　角度配合　　　　图 8.52　引入 chain_link 零件 03

(2)定义同轴心配合。单击 装配体 功能选项卡中的 配合 命令，系统会弹出"配合"对话框；在绘图区域中分别选取如图 8.53 所示的面 1 与面 2 作为配合面，系统会自动在"配合"对话框的标准选项卡中选中 同轴心(N)，单击"配合"对话框中的 ✓ 按钮，完成同轴心配合的添加，效果如图 8.54 所示。

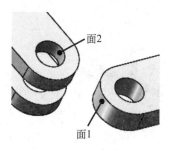

图 8.53　配合面　　　　　　　　　图 8.54　同轴心配合

(3)定义重合配合。在绘图区域中分别选取如图 8.55 所示的面 1 与面 2 作为配合面，单击"配合"对话框中的 ✓ 按钮，完成重合配合的添加，效果如图 8.56 所示。

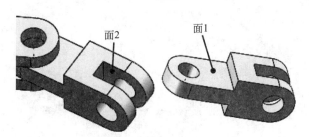

图 8.55　配合面　　　　　　　　　图 8.56　重合配合

(4)定义角度配合。在绘图区域中分别选取如图 8.57 所示的面 1 与面 2 作为配合面，激活 角度，在文本框中输入角度 125，选中 ☑反转尺寸(F)，选中 （反向对齐）使方向如图 8.58 所示，单击"配合"对话框中的 ✓ 按钮，完成角度配合的添加，效果如图 8.58 所示。

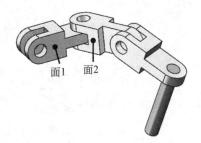
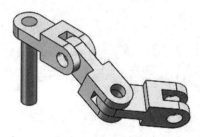

图 8.57　配合面　　　　　　　　　图 8.58　角度配合

步骤 7：装配 chain_link 零部件。
(1)引入第 5 个零部件。首先单击 装配体 功能选项卡 插入零部件 下的 ▼ 按钮，选择 插入零部件命令，在打开的对话框中选择 D:\SOLIDWORKS 认证考试\work\ch08.01\ChainLinkAssembly 中的 chain_link，然后单击"打开"按钮，在图形区的合适位置单击放置第 5 个零件，通过旋转零部件命令将模型调整至如图 8.59 所示的方位。

图 8.59　引入 chain_link 零件 04

（2）定义同轴心配合。单击 装配体 功能选项卡中的 命令，系统会弹出"配合"对话框；在绘图区域中分别选取如图 8.60 所示的面 1 与面 2 作为配合面，系统会自动在"配合"对话框的标准选项卡中选中 同轴心(N)，单击"配合"对话框中的 ✓ 按钮，完成同轴心配合的添加，效果如图 8.61 所示。

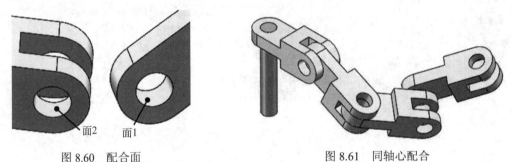

图 8.60　配合面　　　　　　　　　图 8.61　同轴心配合

（3）定义重合配合。在绘图区域中分别选取如图 8.62 所示的面 1 与面 2 作为配合面，单击"配合"对话框中的 ✓ 按钮，完成重合配合的添加，效果如图 8.63 所示。

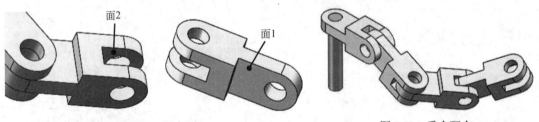

图 8.62　配合面　　　　　　　　　图 8.63　重合配合

（4）定义角度配合。在绘图区域中分别选取如图 8.64 所示的面 1 与面 2 作为配合面，激活 ，在文本框中输入角度 130，选中 反转尺寸(F)，选中 使方向如图 8.65 所示，单击"配合"对话框中的 ✓ 按钮，完成角度配合的添加，效果如图 8.65 所示。

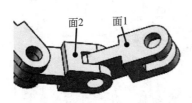
图 8.64 配合面

图 8.65 角度配合

步骤 8：装配 short_pin 零部件。

（1）引入第 6 个零部件。首先单击 [装配体] 功能选项卡 [插入零部件] 下的 [▼] 按钮，选择 [插入零部件] 命令，在打开的对话框中选择 D:\SOLIDWORKS 认证考试\work\ch08.01\ChainLinkAssembly 中的 short_pin，然后单击"打开"按钮，在图形区的合适位置单击放置第 6 个零件，通过旋转零部件命令将模型调整至如图 8.66 所示的方位。

（2）定义同轴心配合。单击 [装配体] 功能选项卡中的 [配合] 命令，系统会弹出"配合"对话框；在绘图区域中分别选取如图 8.67 所示的面 1 与面 2 作为配合面，系统会自动在"配合"对话框的标准选项卡中选中 [◎ 同轴心(N)]，单击"配合"对话框中的 [✓] 按钮，完成同轴心配合的添加，效果如图 8.68 所示。

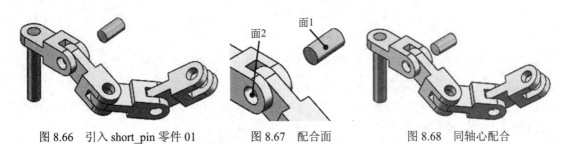

图 8.66 引入 short_pin 零件 01　　　图 8.67 配合面　　　图 8.68 同轴心配合

（3）定义重合配合。在绘图区域中分别选取如图 8.69 所示的面 1 与面 2 作为配合面，单击"配合"对话框中的 [✓] 按钮，完成重合配合的添加，效果如图 8.70 所示。

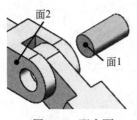
图 8.69 配合面

图 8.70 重合配合

步骤 9：参考步骤 8 的操作完成另外两个 short_pin 零部件的装配，完成后如图 8.71 所示。

图 8.71 装配另外两个 short_pin 零件

步骤 10：装配 long_pin 零部件。

（1）引入第 9 个零部件。首先单击 装配体 功能选项卡 下的 按钮，选择 插入零部件 命令，在打开的对话框中选择 D:\SOLIDWORKS 认证考试\work\ch08.01\ChainLinkAssembly 中的 long_pin，然后单击"打开"按钮，在图形区的合适位置单击放置第 9 个零件，通过旋转零部件命令将模型调整至如图 8.72 所示的方位。

图 8.72 引入 long_pin 零件

（2）定义同轴心配合。单击 装配体 功能选项卡中的 命令，系统会弹出"配合"对话框；在绘图区域中分别选取如图 8.73 所示的面 1 与面 2 作为配合面，系统会自动在"配合"对话框的标准选项卡中选中 同轴心(N)，单击"配合"对话框中的 按钮，完成同轴心配合的添加，效果如图 8.74 所示。

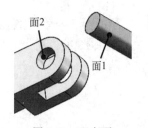

图 8.73 配合面

图 8.74 同轴心配合

（3）定义重合配合。在绘图区域中分别选取如图 8.75 所示的面 1 与面 2 作为配合面，单击"配合"对话框中的 按钮，完成重合配合的添加，效果如图 8.76 所示。

步骤 11：创建参考坐标系。单击 装配体 功能选项卡中的"参考几何体"节点，在弹出的快捷菜单中选择 坐标系 命令，采用系统默认的位置，选取如图 8.77 所示的边线 1 作为 X 轴参考，方向向右，选取如图 8.77 所示的面 1 作为 Y 轴参考，方向向上，单击 按钮完成坐标系的创建，如图 8.78 所示。

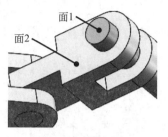

图 8.75　配合面

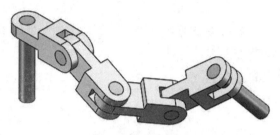

图 8.76　重合配合

步骤 12：查询质量属性。单击 评估 功能选项卡下的 命令，系统会自动选取模型实体作为测量对象，在 报告与以下项相对的坐标值：下拉列表中选择步骤 11 创建的"坐标系 1"，在结果区域查看质量属性即可，如图 8.79 所示，因此此题答案为 A。

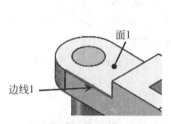

图 8.77　坐标系参考

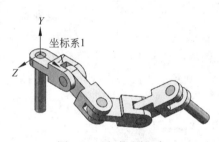

图 8.78　参考坐标系

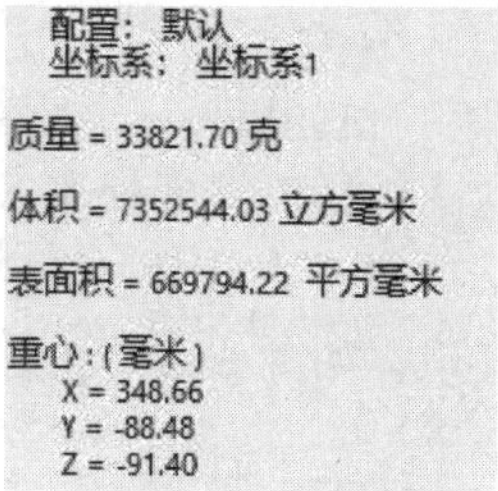

图 8.79　测量结果

10. 装配题 2：使用上一道题目中创建的装配体，修改角度数据 A=30°，B=115°，C=135°，求产品相对于参考坐标系的质心是 X=_____　Y=_____　Z=_____ 毫米。

解题过程如下。

步骤 1：选择下拉菜单 工具(T) → ∑ 方程式(Q)... 命令，在"方程式、整体变量及尺寸"对话框中将 D1、D2、D3 的值分别修改为 30、115、135，完成后如图 8.80 所示。

步骤 2：查询质量属性。单击 评估 功能选项卡下的 命令，系统会自动选取模型实体作为测量对象，在结果区域查看质量属性即可，如图 8.81 所示，因此此题答案为 X=327.67　Y=-98.39　Z=-102.91 毫米。

尺寸 - 顶层		
D1@角度2	30度	30度
D1@角度3	115度	115度
D1@角度4	135度	135度

图 8.80　修改参数值

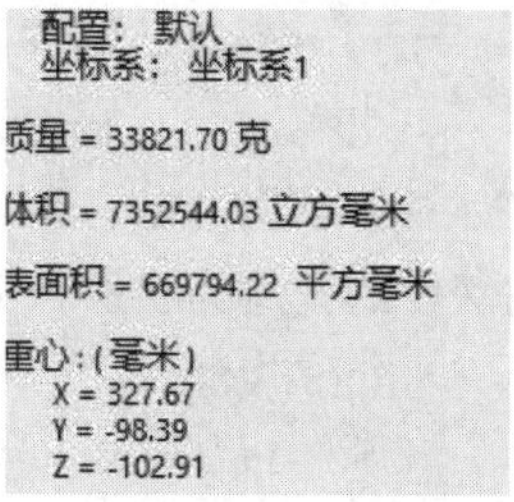

图 8.81　测量结果

8.2　CSWA 考试样题 2

1. 要从工程图视图 A，创建工程图视图 B，应采用插入哪种 SOLIDWORKS 视图类型实现，如图 8.82 所示。

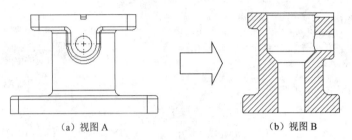

(a) 视图 A　　　　　　　　　　　　(b) 视图 B

图 8.82　题目 1

A. 投影视图　　　B. 局部视图　　　C. 剪裁视图　　　D. 剖面视图

解题过程：由于视图 A 为主视图，视图 B 为剖开查看内部全部结构，属于全剖工程图视图，所以需要使用 SOLIDWORKS 中的剖面视图命令，所以此题选 D。

2. 要从工程图视图 A，创建工程图视图 B，应采用插入哪种 SOLIDWORKS 视图类型实现，如图 8.83 所示。

(a) 视图 A　　　　　　　　　　　　(b) 视图 B

图 8.83　题目 2

A. 断开的剖视图　　B. 剖面视图　　C. 断裂视图　　D. 剪裁视图

解题过程：由于视图 A 为主视图，视图 B 是将主视图中间相同的部分进行了修剪处理，属于断开视图，所以需要使用 SOLIDWORKS 中的断裂视图命令得到，所以此题选 C。

3. 在欠定义的草图中，草图名前会显示_____。

A.（+）　　　B.（-）　　　C.（?）　　　D. 无符号

解题过程：由于在 SOLIDWORKS 中全约束的草图名称前无任何符号，欠约束的草图前显示（-），所以此题选 B。

4. 建模题 1：在 SOLIDWORKS 中根据如图 8.84 所示的图纸创建零件模型，单位制：MMGS；小数位数：2；零件原点：任意；材料：铝 1060 合金；密度：$0.0027g/mm^3$，未标注深度的孔均为贯穿，A=65，B=950，求模型的质量是多少克。

A. 68513.84　　B. 87397.03　　C. 56117.79　　D. 61567.08

解题过程如下。

步骤 1：新建模型文件，选择"快速访问工具栏"中的 命令，在系统弹出的"新建 SOLIDWORKS 文件"对话框中选择"零件"，单击"确定"按钮进入零件建模环境。

步骤 2：设置单位与精度。选择下拉菜单 工具(T) → 选项(P)... 命令，在"文档属性"选项卡单击"单位"节点，选中 ⊙ MMGS (毫米、克、秒)(G) 单选项，将"质量/截面属性"的精度设置为保留两位。

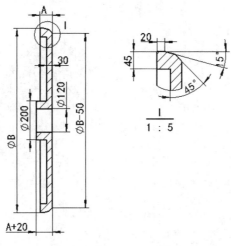

图 8.84　题目 4（建模题 1）

步骤 3：设置材料。在设计树中右击 材质 <未指定>，在系统弹出的快捷菜单中选择 编辑材料(A) 命令，在系统弹出的"材料"对话框中选择 solidworks materials → 铝合金 → 1060 合金 材料，单击 应用(A) 与 关闭(C) 按钮完成材料的设置。

步骤 4：设置全局变量。选择下拉菜单 工具(T) → ∑ 方程式(Q)... 命令，在"方程式、整体变量及尺寸"对话框中添加 A、B 变量，值分别为 65、950，完成后如图 8.85 所示。

全局变量		
"A"	= 65	65.000000
"B"	= 950	950.000000

图 8.85　全局变量

步骤 5：创建如图 8.86 所示的旋转特征 1。选择 特征 功能选项卡中的旋转凸台基体 命令，在系统的提示下，选取"右视基准面"作为草图平面，绘制如图 8.87 所示的截面轮廓（将尺寸 950 关联到 B，将尺寸 65 关联到 A，尺寸 85=A+20，尺寸 900=B-50），在"旋转"对话框的 方向1(1) 区域的下拉列表中选择 给定深度，在 文本框中输入旋转角度 360，单击"旋转"对话框中的 ✔ 按钮，完成旋转特征的创建。

步骤 6：创建如图 8.88 所示的切除-拉伸 1。单击 特征 功能选项卡中的 按钮，在系统的提示下选取如图 8.88 所示的模型表面作为草图平面，绘制如图 8.89 所示的截面草图；在"切除-拉伸"对话框 方向1(1) 区域的下拉列表中选择 完全贯穿；单击 ✔ 按钮，完成切除-拉伸 1 的创建。

步骤 7：查看质量属性。单击 评估 功能选项卡下的 命令，系统会自动选取模型实体作为测量对象，在结果区域查看质量属性即可，如图 8.90 所示，因此此题选择 A。

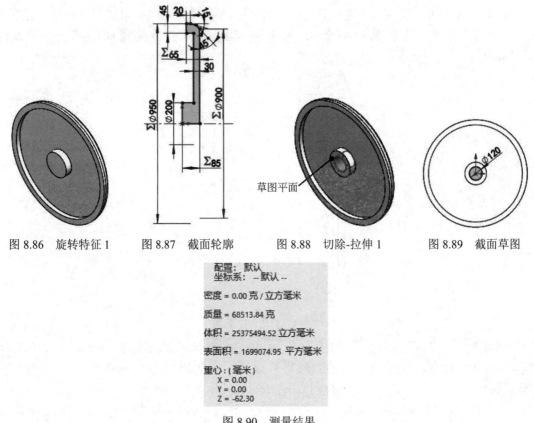

图 8.86　旋转特征 1　　　图 8.87　截面轮廓　　　图 8.88　切除-拉伸 1　　　图 8.89　截面草图

图 8.90　测量结果

5. 建模题 2：在 SOLIDWORKS 中修改上一题创建的模型，添加 8 个加强筋，加强筋的相关尺寸参考图 8.91，未标注的尺寸均与上一题一致，所有加强筋的形状尺寸一致，求模型的质量是_____克。

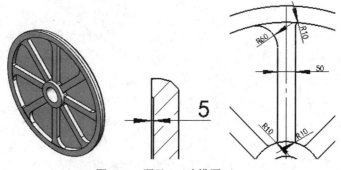

图 8.91　题目 5（建模题 2）

解题过程如下。

步骤 1：创建如图 8.92 所示的基准面 1。单击 特征 功能选项卡 下的 按钮，选

择 [基准面] 命令，选取如图 8.92 所示的模型表面作为参考平面，在"基准面"对话框 文本框中输入间距值 5，方向向内。单击 ✓ 按钮，完成基准面的定义。

步骤 2：创建如图 8.93 所示的加强筋。单击 [特征] 功能选项卡中的 [筋] 按钮，在系统的提示下选取步骤 1 创建的基准面作为草图平面，绘制如图 8.94 所示的截面草图，在 [参数(P)] 区域中选中"两侧"，在 文本框中输入厚度值 50，在 [拉伸方向:] 下选中 单选项，单击 ✓ 按钮，完成加强筋的定义。

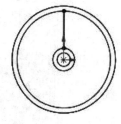

图 8.92　基准面 1　　　　　图 8.93　加强筋　　　　　图 8.94　截面草图

步骤 3：创建如图 8.95 所示的圆角 1。单击 [特征] 功能选项卡 下的 按钮，选择 [圆角] 命令，在"圆角"对话框中选择"固定大小圆角" 类型，在系统的提示下选取如图 8.96 所示的边线（共计 3 条边线）作为圆角对象，在"圆角"对话框的 [圆角参数] 区域中的 文本框中输入圆角半径值 10，单击 ✓ 按钮，完成圆角的定义。

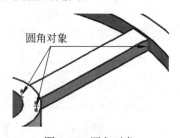

图 8.95　圆角 1　　　　　　　　　　图 8.96　圆角对象

步骤 4：创建如图 8.97 所示的圆角 2。单击 [特征] 功能选项卡 下的 按钮，选择 [圆角] 命令，在"圆角"对话框中选择 （固定大小圆角）类型，在系统的提示下选取如图 8.98 所示的边线作为圆角对象，在"圆角"对话框的 [圆角参数] 区域中的 文本框中输入圆角半径值 60，单击 ✓ 按钮，完成圆角的定义。

步骤 5：创建如图 8.99 所示的圆周阵列。单击 [特征] 功能选项卡 下的 按钮，选择 [圆周阵列] 命令，在"圆周阵列"对话框中的 [特征和面(F)] 区域单击，激活 后的文本框，选取步骤 2～步骤 4 创建的加强筋与圆角作为阵列的源对象，在"圆周阵列"对话框中

图 8.97　圆角 2　　　　　　　　　　　　图 8.98　圆角对象

激活 方向1(1) 区域中 ⟳ 后的文本框，选取如图 8.99 所示的圆柱面（系统会自动选取圆柱面的中心轴作为圆周阵列的中心轴），选中 ⊙等间距 复选项，在 ⇱ 文本框中输入间距 360，在 ❋ 文本框中输入数量 8，单击 ✓ 按钮，完成圆周阵列的创建。

步骤 6：查看质量属性。单击 评估 功能选项卡下的 ⚙ 命令，系统会自动选取模型实体作为测量对象，在结果区域查看质量属性即可，如图 8.100 所示，因此此题答案为 80000.15g。

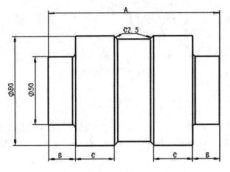

图 8.99　圆周阵列　　　　　　　　　　图 8.100　测量结果

6. 建模题 3：在 SOLIDWORKS 中根据如图 8.101 所示的图纸创建零件模型，单位制：MMGS；小数位数：2；零件原点：任意；材料：钢 AISI1020；密度：$0.0079g/mm^3$，未标注深度的孔洞均为贯穿，未标注圆角为 R2，A=130，B=20，C=30，求模型的质量是多少克。

　A. 3003.39　　　　B. 2338.07　　　　C. 4475.78　　　　D. 3887.22

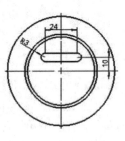

图 8.101　题目 6（建模题 3）

解题过程如下。

步骤 1：新建模型文件，选择"快速访问工具栏"中的 ▯ 命令，在系统弹出的"新建

SOLIDWORKS 文件"对话框中选择"零件" ![icon]，单击"确定"按钮进入零件建模环境。

步骤2：设置单位与精度。选择下拉菜单 工具(T) → 选项(P)... 命令，在"文档属性"选项卡单击"单位"节点，选中 ● MMGS (毫米、克、秒)(G) 单选项，将"质量/截面属性"的精度设置为保留两位。

步骤3：设置材料。在设计树中右击 材质 <未指定>，在系统弹出的快捷菜单中选择 编辑材料(A) 命令，在系统弹出的"材料"对话框中选择 solidworks materials → 钢 → AISI 1020 材料，单击 应用(A) 与 关闭(C) 按钮完成材料的设置。

步骤4：设置全局变量。选择下拉菜单 工具(T) → Σ 方程式(Q)... 命令，在"方程式、整体变量及尺寸"对话框中添加 A、B、C 变量，值分别为 130、20、30，完成后如图 8.102 所示。

全局变量		
"A"	= 130	130.000000
"B"	= 20	20.000000
"C"	= 30	30.000000

图 8.102 全局变量

步骤5：创建如图 8.103 所示的旋转特征 1。选择 特征 功能选项卡中的旋转凸台基体 ![icon] 命令，在系统的提示下，选取"前视基准面"作为草图平面，绘制如图 8.104 所示的截面轮廓（将尺寸 130 关联到 A，将尺寸 20 关联到 B，将尺寸 30 关联到 C），在"旋转"对话框的 方向1(1) 区域的下拉列表中选择 给定深度，在 文本框中输入旋转角度 360，单击"旋转"对话框中的 ✓ 按钮，完成旋转特征的创建。

步骤6：创建如图 8.105 所示的切除-拉伸 1。单击 特征 功能选项卡中的 按钮，在系统的提示下选取如图 8.105 所示的模型表面作为草图平面，绘制如图 8.106 所示的截面草图；在"切除-拉伸"对话框 方向1(1) 区域的下拉列表中选择 完全贯穿；单击 ✓ 按钮，完成切除-拉伸 1 的创建。

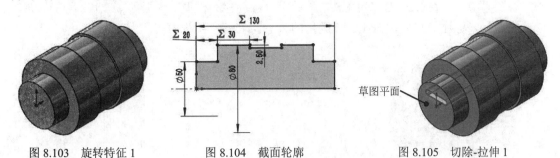

图 8.103 旋转特征 1　　　图 8.104 截面轮廓　　　图 8.105 切除-拉伸 1

步骤7：创建如图 8.107 所示的倒角 1。单击 特征 功能选项卡 下的 按钮，选择 倒角 命令，在"倒角"对话框中选择"角度距离" 单选项，在系统的提示下选取如图 8.108 所示的边线作为倒角对象，在"倒角"对话框的 倒角参数 区域中的 文本框中输入倒角距离值 2.5，在 文本框中输入倒角角度值 45，在"倒角"对话框中单击 ✓ 按钮，完成倒角的定义。

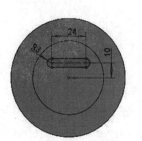
图 8.106　截面草图

图 8.107　倒角 1

图 8.108　倒角对象

步骤 8：创建如图 8.109 所示的圆角 1。单击 特征 功能选项卡 下的 按钮，选择 圆角 命令，在"圆角"对话框中选择"固定大小圆角" 类型，在系统的提示下选取如图 8.110 所示的边线（共计 2 条边线）作为圆角对象，在"圆角"对话框的 圆角参数 区域中的 文本框中输入圆角半径值 2，单击 按钮，完成圆角的定义。

步骤 9：查询质量属性。单击 评估 功能选项卡下的 命令，系统会自动选取模型实体作为测量对象，在结果区域查看质量属性即可，如图 8.111 所示，因此此题选择 D。

图 8.109　圆角 1

图 8.110　圆角对象

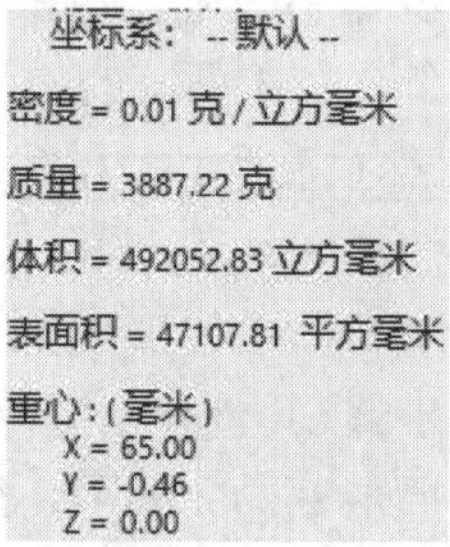

图 8.111　测量结果

7. 建模题 4：在 SOLIDWORKS 中修改上一题创建的模型，根据如图 8.112 所示的图纸修改模型，未标注的尺寸均按照上一题目的大小，求模型最新的质量为_____克。

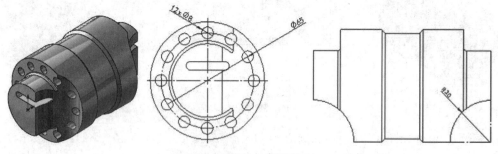
图 8.112　题目 7（建模题 4）

解题过程如下。

步骤 1：创建如图 8.113 所示的切除-拉伸 2。单击 特征 功能选项卡中的 按钮，在系统的提示下选取如图 8.113 所示的模型表面作为草图平面，绘制如图 8.114 所示的截面草图；

在"切除-拉伸"对话框 方向1(1) 区域的下拉列表中选择 完全贯穿；单击 ✓ 按钮，完成切除-拉伸 2 的创建。

步骤2：创建如图 8.115 所示的圆周阵列。单击 特征 功能选项卡 下的 ▼ 按钮，选择 圆周阵列 命令，在"圆周阵列"对话框中 ☑特征和面(F) 区域单击，激活 后的文本框，选取步骤 1 创建的切除-拉伸 2 作为阵列的源对象，在"圆周阵列"对话框中激活 方向1(1) 区域中 后的文本框，选取如图 8.115 示的圆柱面（系统会自动选取圆柱面的中心轴作为圆周阵列的中心轴），选中 ⦿等间距 复选项，在 文本框中输入间距 360，在 文本框中输入数量 12，单击 ✓ 按钮，完成圆周阵列的创建。

图 8.113　切除-拉伸 2　　　图 8.114　截面草图　　　图 8.115　圆周阵列

步骤3：创建如图 8.116 所示的切除-拉伸 3。单击 特征 功能选项卡中的 按钮，在系统的提示下选取"上视基准面"作为草图平面，绘制如图 8.117 所示的截面草图；在"切除-拉伸"对话框 方向1(1) 区域的下拉列表中选择 完全贯穿-两者 ；单击 ✓ 按钮，完成切除-拉伸 3 的创建。

步骤4：查看质量属性。单击 评估 功能选项卡下的 命令，系统会自动选取模型实体作为测量对象，在结果区域查看质量属性即可，如图 8.118 所示，因此此题答案为 3246.49g。

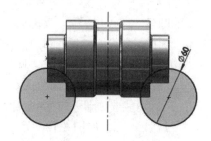

图 8.116　切除-拉伸 3　　　图 8.117　截面草图　　　图 8.118　测量结果

8. 建模题 5：在 SOLIDWORKS 中修改上一题创建的模型，根据如图 8.119 所示的图纸修改模型，未标注的尺寸均按照上一题目的大小，未标注圆角半径均为 1，求模型最新的质量为_____克。

解题过程如下。

步骤1：创建如图 8.120 所示的切除-拉伸 4。单击 特征 功能选项卡中的 按钮，在系统

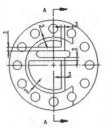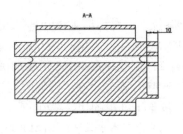

图 8.119　题目 8（建模题 5）

的提示下选取如图 8.120 所示的模型表面作为草图平面，绘制如图 8.121 所示的截面草图；在"切除-拉伸"对话框 方向1(1) 区域的下拉列表中选择 给定深度，深度值为 10；单击 ✓ 按钮，完成切除-拉伸 4 的创建。

步骤 2：创建如图 8.122 所示的圆角 2。单击 特征 功能选项卡 下的 ▼ 按钮，选择 圆角 命令，在"圆角"对话框中选择"固定大小圆角" 类型，在系统的提示下选取如图 8.123 所示的边线（共计 6 条边线）作为圆角对象，在"圆角"对话框的 圆角参数 区域中的 ⮕ 文本框中输入圆角半径值 1，单击 ✓ 按钮，完成圆角的定义。

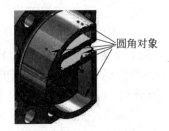

图 8.120　切除-拉伸 4　　图 8.121　截面草图　　图 8.122　圆角 2　　图 8.123　圆角对象

步骤 3：创建如图 8.124 所示的圆角 3。单击 特征 功能选项卡 下的 ▼ 按钮，选择 圆角 命令，在"圆角"对话框中选择"固定大小圆角" 类型，在系统的提示下选取如图 8.125 所示的边链（共计 4 条边线）作为圆角对象，在"圆角"对话框的 圆角参数 区域中的 ⮕ 文本框中输入圆角半径值 1，单击 ✓ 按钮，完成圆角的定义。

步骤 4：查看质量属性。单击 评估 功能选项卡下的 命令，系统会自动选取模型实体作为测量对象，在结果区域查看质量属性即可，如图 8.126 所示，因此此题答案为 3187.53g。

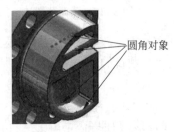

图 8.124　圆角 3　　　　　图 8.125　圆角对象　　　　　图 8.126　测量结果

9. 装配题 1：根据如图 8.127 所示的图纸装配滚轮连杆机构产品，产品包含一个底座、一个铁盖、一个滚轮、一个活塞气缸、一个活塞、一个气缸连接器、一个大链环、一个小链环，单位制：MMGS；小数位数：2。装配条件：①底座轴心配合于铁盖的 4 个销，铁盖的内面（销面）与底座的顶端面（槽面）相贴合，如图 8.128 所示；②滚轮与底座轴心配合，滚轮的内面与底座顶面贴合，如图 8.129 所示。

17min

(a) 视图 A

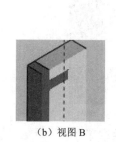
(b) 视图 B

图 8.127　滚轮连杆机构　　　　图 8.128　铁盖配合　　　　图 8.129　凸轮配合

（1）气缸连接器的大直径圆柱配合相切于底座槽面，底部配合于底座上槽的底部平面，如图 8.130 所示。

（2）活塞气缸的销端轴心配合与底座上的侧孔相吻合，活塞气缸上槽的直面平行于底座的顶端面，如图 8.131 所示。

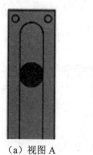

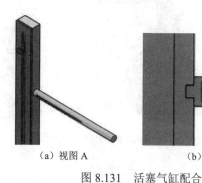

(a) 视图 A　　(b) 视图 B　　　　　　　(a) 视图 A　　　　　　(b) 视图 B

图 8.130　气缸连接器配合　　　　　　　　图 8.131　活塞气缸配合

（3）活塞较长圆柱端轴心配合于活塞气缸内部圆柱面，活塞较短的圆柱面与活塞气缸侧槽口相切配合，如图 8.132 所示。

(a) 视图 A　　　　　　　　　　　　　　(b) 视图 B

图 8.132　活塞配合

（4）大链环的孔轴心配合于气缸连接器与活塞销，大链环端面与铁盖上端面吻合，如图 8.133 所示。

（5）小链环的孔轴心配合于气缸连接器与活塞伸出端，小链环的底面与大链环的顶面吻合，如图 8.134 所示。

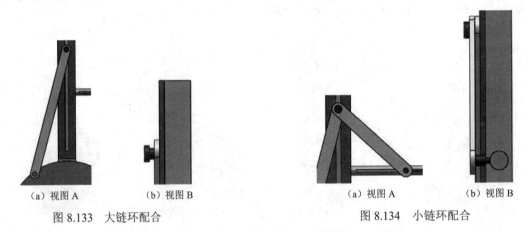

图 8.133　大链环配合　　　　　　　　　　图 8.134　小链环配合

（6）大链环的侧端面与底座侧端面的角度为 15°，如图 8.135 所示。

求产品装配后如图 8.136 所示 X 的间距是多少毫米。

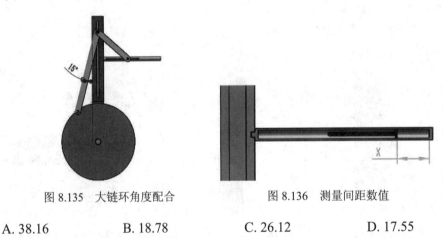

图 8.135　大链环角度配合　　　　　　　　图 8.136　测量间距数值

A. 38.16　　　　B. 18.78　　　　C. 26.12　　　　D. 17.55

解题过程如下。

步骤1：新建装配文件。选择"快速访问工具栏"中的 命令，在"新建 SOLIDWORKS 文件"对话框中选择"装配体"模板，单击"确定"按钮进入装配环境，关闭"打开"与"开始装配体"对话框。

步骤2：设置单位与精度。选择下拉菜单 工具(T) → 选项(P)... 命令，在"文档属性"选项卡单击"单位"节点，选中 MMGS(毫米、克、秒)(G) 单选项，将"质量/截面属性"的精度设置为保留两位。

步骤 3：装配 Base 零部件。

(1) 选择要添加的零部件。首先单击 装配体 功能选项卡 下的 按钮，选择 插入零部件 命令，在打开的对话框中选择 D:\SOLIDWORKS 认证考试\work\ch08.02\滚轮连杆机构中的 Base，然后单击"打开"按钮。

(2) 定位零部件。直接单击开始装配体对话框中的 ✔ 按钮，即可把零部件固定到装配原点处（零件的 3 个默认基准面与装配体的 3 个默认基准面分别重合），如图 8.137 所示。

步骤 4：装配 Rail Lid 零部件。

(1) 引入第 2 个零部件。首先单击 装配体 功能选项卡 下的 按钮，选择 插入零部件 命令，在打开的对话框中选择 D:\SOLIDWORKS 认证考试\work\ch08.02\滚轮连杆机构中的 Rail Lid，然后单击"打开"按钮，在图形区的合适位置单击，便可放置第 2 个零件，通过旋转零部件命令将模型调整至如图 8.138 所示的方位。

(2) 定义同轴心配合 1。单击 装配体 功能选项卡中的 命令，系统会弹出"配合"对话框；在绘图区域中分别选取如图 8.139 所示的面 1 与面 2 作为配合面，系统会自动在"配合"对话框的标准选项卡中选中 同轴心(N)，单击"配合"对话框中的 ✔ 按钮，完成同轴心配合的添加，效果如图 8.140 所示。

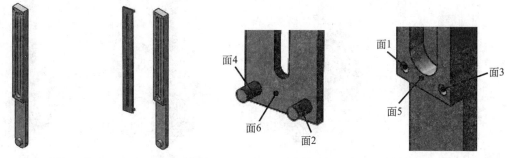

图 8.137　Base 零件　　图 8.138　引入 Rail Lid 零件　　图 8.139　配合面

(3) 定义同轴心配合 2。单击 装配体 功能选项卡中的 命令，系统会弹出"配合"对话框；在绘图区域中分别选取如图 8.139 所示的面 3 与面 4 作为配合面，系统会自动在"配合"对话框的标准选项卡中选中 同轴心(N)，单击"配合"对话框中的 ✔ 按钮，完成同轴心配合的添加，效果如图 8.141 所示。

(4) 定义重合配合。在绘图区域中分别选取如图 8.139 所示的面 5 与面 6 作为配合面，单击"配合"对话框中的 ✔ 按钮，完成重合配合的添加，效果如图 8.142 所示。

步骤 5：装配 Wheel 零部件。

(1) 引入第 3 个零部件。首先单击 装配体 功能选项卡 下的 按钮，选择 插入零部件 命令，在打开的对话框中选择 D:\SOLIDWORKS 认证考试\work\ch08.02\滚轮连杆机构中的 Wheel，然后单击"打开"按钮，在图形区的合适位置单击，便可放置第 3 个零件，如图 8.143 所示。

图 8.140 同轴心配合 1　　图 8.141 同轴心配合 2　　图 8.142 重合配合　　图 8.143 引入 Wheel 零件

（2）定义同轴心配合 1。单击 装配体 功能选项卡中的 命令，系统会弹出"配合"对话框；在绘图区域中分别选取如图 8.144 所示的面 1 与面 2 作为配合面，系统会自动在"配合"对话框的标准选项卡中选 同轴心(N)，单击"配合"对话框中的 ✓ 按钮，完成同轴心配合的添加，效果如图 8.145 所示。

（3）定义重合配合。在绘图区域中分别选取如图 8.144 所示的面 3 与面 4 作为配合面，单击"配合"对话框中的 ✓ 按钮，完成重合配合的添加，效果如图 8.146 所示。

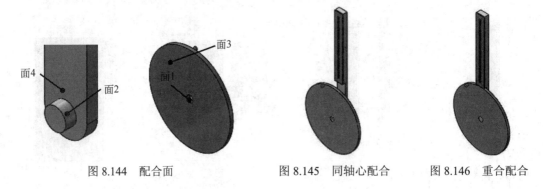

图 8.144 配合面　　　　图 8.145 同轴心配合　　　　图 8.146 重合配合

步骤 6：装配 Piston Cylinder 零部件。

（1）引入第 4 个零部件。首先单击 装配体 功能选项卡 插入零部件 下的 ▼ 按钮，选择 插入零部件 命令，在打开的对话框中选择 D:\SOLIDWORKS 认证考试\work\ch08.02\滚轮连杆机构中的 Piston Cylinder，然后单击"打开"按钮，在图形区的合适位置单击放置第 4 个零件，如图 8.147 所示。

（2）定义同轴心配合 1。单击 装配体 功能选项卡中的 命令，系统会弹出"配合"对话框；在绘图区域中分别选取如图 8.148 所示的面 1 与面 2 作为配合面，系统会自动在"配合"对话框的标准选项卡中选 同轴心(N)，单击"配合"对话框中的 ✓ 按钮，完成同轴心配合的添加，效果如图 8.149 所示。

（3）定义重合配合。在绘图区域中分别选取如图 8.148 所示的面 3 与面 4 作为配合面，单击"配合"对话框中的 ✓ 按钮，完成重合配合的添加，效果如图 8.150 所示。

图 8.147 引入 Piston Cylinder 零件

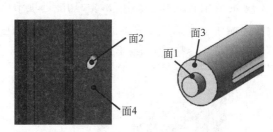
图 8.148 配合面

（4）定义平行配合。在绘图区域中分别选取 Piston Cylinder 零件的 Top Plane 与装配体的上视基准面作为配合面，单击"配合"对话框中的 ✓ 按钮，完成平行配合的添加，效果如图 8.151 所示。

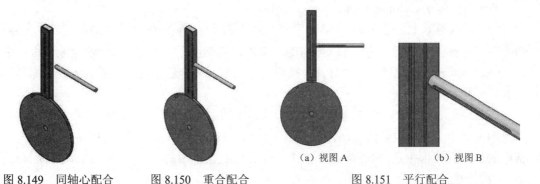

图 8.149 同轴心配合　　图 8.150 重合配合　　图 8.151 平行配合

步骤 7：装配 Piston 零部件。

（1）引入第 5 个零部件。首先单击 装配体 功能选项卡 下的 ▼ 按钮，选择 插入零部件 命令，在打开的对话框中选择 D:\SOLIDWORKS 认证考试\work\ch08.02\滚轮连杆机构中的 Piston，然后单击"打开"按钮，在图形区的合适位置单击放置第 5 个零件，如图 8.152 所示。

（2）定义同轴心配合。单击 装配体 功能选项卡中的 命令，系统会弹出"配合"对话框；在绘图区域中分别选取如图 8.153 所示的面 1 与面 2 作为配合面，系统会自动在"配合"对话框的标准选项卡中选中 ◎ 同轴心(N)，单击"配合"对话框中的 ✓ 按钮，完成同轴心配合

图 8.152 引入 Piston 零件

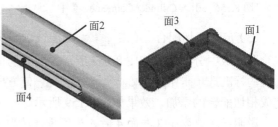
图 8.153 配合面

的添加，效果如图 8.154 所示。

（3）定义相切配合。单击 装配体 功能选项卡中的 配合 命令，系统会弹出"配合"对话框；在绘图区域中分别选取如图 8.153 所示的面 3 与面 4 作为配合面，系统会自动在"配合"对话框的标准选项卡中选中 相切(T)，单击"配合"对话框中的 ✓ 按钮，完成相切配合的添加，效果如图 8.155 所示。

图 8.154　同轴心配合　　　　　　　　图 8.155　相切配合

步骤 8：装配 Cylinder Connector 零部件。

（1）引入第 6 个零部件。首先单击 装配体 功能选项卡 零部件 下的 ▼ 按钮，选择 插入零部件 命令，在打开的对话框中选择 D:\SOLIDWORKS 认证考试\work\ch08.02\滚轮连杆机构中的 Cylinder Connector，然后单击"打开"按钮，在图形区的合适位置单击放置第 6 个零件，如图 8.156 所示。

（2）定义重合配合。单击 装配体 功能选项卡中的 配合 命令，系统会弹出"配合"对话框；在绘图区域中分别选取如图 8.157 所示的面 1 与面 2 作为配合面，系统会自动在"配合"对话框的标准选项卡中选中 重合(C)，单击"配合"对话框中的 ✓ 按钮，完成重合配合的添加，效果如图 8.158 所示。

 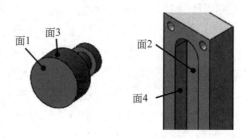

图 8.156　引入 Cylinder Connector 零件　　　　　图 8.157　配合面

（3）定义相切配合。单击 装配体 功能选项卡中的 配合 命令，系统会弹出"配合"对话框；在绘图区域中分别选取如图 8.157 所示的面 3 与面 4 作为配合面，系统会自动在"配合"对话框的标准选项卡中选中 相切(T)，选中 使方向向内，单击"配合"对话框中的 ✓ 按钮，完成相切配合的添加，效果如图 8.159 所示。

说明：在选取面 2 与面 4 时，为了方便选取可以提前将 Rail Lid 隐藏，装配完成后再显示即可。

   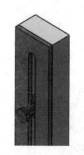

图 8.158　重合配合　　　　　　　　图 8.159　相切配合

步骤 9：装配 Large Link 零部件。

（1）引入第 7 个零部件。首先单击 装配体 功能选项卡 取部件 下的 ▼ 按钮，选择 插入零部件 命令，在打开的对话框中选择 D:\SOLIDWORKS 认证考试\work\ch08.02\滚轮连杆机构中的 Large Link，然后单击"打开"按钮，在图形区的合适位置单击放置第 7 个零件，如图 8.160 所示。

（2）定义同轴心配合 1。单击 装配体 功能选项卡中的 配合 命令，系统会弹出"配合"对话框；在绘图区域中分别选取如图 8.161 所示的面 1 与面 2 作为配合面，系统会自动在"配合"对话框的标准选项卡中选中 同轴心(N)，单击"配合"对话框中的 ✓ 按钮，完成同轴心配合的添加，效果如图 8.162 所示。

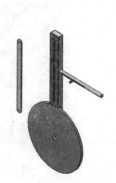   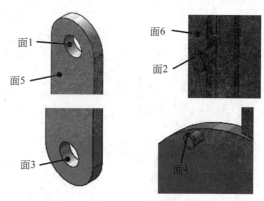

图 8.160　引入 Large Link 零件　　　　图 8.161　配合面

（3）定义同轴心配合 2。单击 装配体 功能选项卡中的 配合 命令，系统会弹出"配合"对话框；在绘图区域中分别选取如图 8.161 所示的面 3 与面 4 作为配合面，系统会自动在"配合"对话框的标准选项卡中选中 同轴心(N)，单击"配合"对话框中的 ✓ 按钮，完成同轴心配合的添加，效果如图 8.163 所示。

（4）定义重合配合。在绘图区域中分别选取如图 8.161 所示的面 5（零件背部面）与面 6 作为配合面，单击"配合"对话框中的 ✓ 按钮，完成重合配合的添加，效果如图 8.164 所示。

图 8.162 同轴心配合 1　　　图 8.163 同轴心配合 2　　　图 8.164 重合配合

步骤 10：装配 Small Link 零部件。

（1）引入第 8 个零部件。首先单击 装配体 功能选项卡 插入零部件 下的 ▼ 按钮，选择 插入零部件 命令，在打开的对话框中选择 D:\SOLIDWORKS 认证考试\work\ch08.02\滚轮连杆机构中的 Small Link，然后单击"打开"按钮，在图形区的合适位置单击放置第 8 个零部件，如图 8.165 所示。

（2）定义同轴心配合 1。单击 装配体 功能选项卡中的 配合 命令，系统会弹出"配合"对话框；在绘图区域中分别选取如图 8.166 所示的面 1 与面 2 作为配合面，系统会自动在"配合"对话框的标准选项卡中选中 ⊚ 同轴心(N)，单击"配合"对话框中的 ✓ 按钮，完成同轴心配合的添加，效果如图 8.167 所示。

 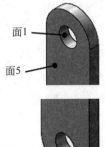  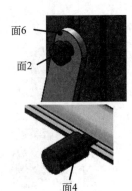

图 8.165 引入 Small Link 零件　　　图 8.166 配合面

（3）定义同轴心配合 2。单击 装配体 功能选项卡中的 配合 命令，系统会弹出"配合"对话框；在绘图区域中分别选取如图 8.166 所示的面 3 与面 4 作为配合面，系统会自动在"配合"对话框的标准选项卡中选中 ⊚ 同轴心(N)，单击"配合"对话框中的 ✓ 按钮，完成同轴心配合的添加，效果如图 8.168 所示。

（4）定义重合配合。在绘图区域中分别选取如图 8.166 所示的面 5（零件背部面）与面 6 作为配合面，单击"配合"对话框中的 ✓ 按钮，完成重合配合的添加，效果如图 8.169 所示。

图 8.167　同轴心配合 1　　　图 8.168　同轴心配合 2　　　图 8.169　重合配合

步骤 11：添加 Large Link 零部件的角度配合。单击 装配体 功能选项卡中的 命令，系统会弹出"配合"对话框；在绘图区域中分别选取如图 8.170 所示的面 1 与面 2 作为配合面，在"配合"对话框的标准选项卡中选中 ，输入角度值 15；单击"配合"对话框中的 按钮，完成角度配合的添加，效果如图 8.171 所示。

图 8.170　配合面　　　　　　　　　　　图 8.171　角度配合

步骤 12：查询距离信息量属性。单击 评估 功能选项卡下的 （测量）命令，选取如图 8.172 所示的面 1 与面 2 作为参考（为了方便选取可以提前将 Piston Cylinder 零件设置为透明显示），在结果区域即可查看距离信息，如图 8.173 所示，因此此题答案为 18.78mm，选 B。

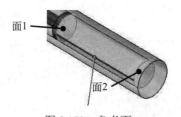

图 8.172　参考面　　　　　　　　　　　图 8.173　测量结果

10. 装配题 2：在 SOLIDWORKS 中修改滚轮连杆机构装配体，单位制：MMGS；小数位数：2；将角度值修改为 20°，测量 X 的距离为多少毫米。

解题过程如下。

步骤1：在装配导航器的配合节点下右击 ![角度1]，在系统弹出的快捷菜单中选择 ![图标]（编辑特征），在系统弹出的"角度"对话框中，将角度值修改为20。

步骤2：查询距离信息量属性。单击 ![评估] 功能选项卡下的 ![图标]（测量）命令，选取如图8.174所示的面1与面2作为参考（为了方便选取可以提前将Piston Cylinder零件设置为透明显示），在结果区域即可查看距离信息，如图8.175所示，因此此题答案为8.59mm。

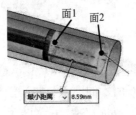

图 8.174　参考面　　　　　　　　　　图 8.175　测量结果

第 9 章 CSWP 考试样题

1. 在 SOLIDWORKS 中根据如图 9.1 所示的图纸创建零件，单位制：MMGS；小数位数：2；零件原点：任意；材料：1060 铝合金；密度：$2700kg/mm^3$，所有的孔完全贯穿，除非以另外的方式显示，圆角的半径均为 10mm（共 8 条直线），除非另有说明，A=170，B=80，C=A/2，D=B*2/3，求模型的质量是多少克。

A. 301.70　　　　B. 334.72　　　　C. 371.70　　　　D. 341.70

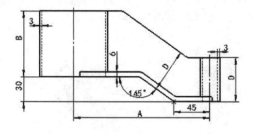

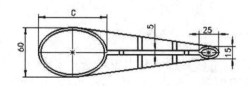

图 9.1　题目 1

解题过程如下。

步骤 1：新建模型文件，选择"快速访问工具栏"中的 命令，在系统弹出的"新建 SOLIDWORKS 文件"对话框中选择"零件"，单击"确定"按钮进入零件建模环境。

步骤 2：设置单位与精度。选择下拉菜单 工具(T) → 选项(P)... 命令，在"文档属性"选项卡单击"单位"节点，选中 MMGS(毫米、克、秒)(G) 单选项，将"质量/截面属性"的精度设置为保留两位。

步骤 3：设置材料。在设计树中右击 材质 <未指定>，在系统弹出的快捷菜单中选择 编辑材料(A) 命令，在系统弹出的"材料"对话框中选择 solidworks materials → 铝合金 →

1060 合金 材料，单击 应用(A) 与 关闭(C) 按钮完成材料的设置。

步骤4：设置全局变量。选择下拉菜单 工具(T) → ∑ 方程式(Q)... 命令，在"方程式、整体变量及尺寸"对话框中添加 A、B、C 与 D 变量，值分别为 170、80、A/2，B*2/3，完成后如图 9.2 所示。

全局变量		
"A"	= 170	170.000000
"B"	= 80	80.000000
"C"	= "A" / 2mm	85.000000mm
"D"	= "B" * 2 / 3	53.333333

图 9.2　全局变量

步骤5：创建如图 9.3 所示的凸台-拉伸 1。单击 特征 功能选项卡中的 按钮，在系统的提示下选取"上视基准面"作为草图平面，绘制如图 9.4 所示的截面草图（椭圆长轴=C）；在"凸台-拉伸"对话框 方向 1(1) 区域的下拉列表中选择 给定深度，输入的深度值为 B；单击 ✓ 按钮，完成凸台-拉伸 1 的创建。

步骤6：创建如图 9.5 所示的基准面 1。单击 特征 功能选项卡 下的 按钮，选择 基准面 命令，选取"上视基准面"作为参考平面，在"基准面"对话框 文本框中输入间距值 30，方向沿 y 轴负方向。单击 ✓ 按钮，完成基准面的定义。

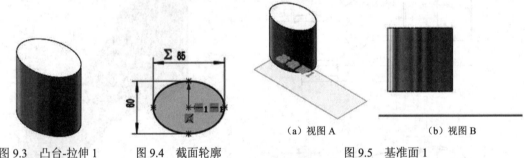

图 9.3　凸台-拉伸 1　　图 9.4　截面轮廓　　图 9.5　基准面 1

步骤7：创建如图 9.6 所示的凸台-拉伸 2。单击 特征 功能选项卡中的 按钮，在系统的提示下选取步骤 6 创建的"基准面 1"作为草图平面，绘制如图 9.7 所示的截面草图（间距尺寸=A）；在"凸台-拉伸"对话框 方向 1(1) 区域的下拉列表中选择 给定深度，输入的深度值为 D；单击 ✓ 按钮，完成凸台-拉伸 2 的创建。

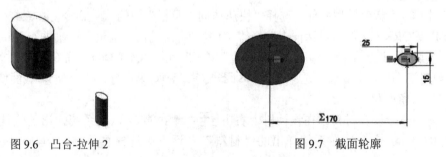

图 9.6　凸台-拉伸 2　　图 9.7　截面轮廓

步骤8：创建如图 9.8 所示的拉伸薄壁 1。单击 特征 功能选项卡中的 按钮，在系统的提示下选取"前视基准面"作为草图平面，绘制如图 9.9 所示的截面草图；在"凸台-拉伸"对话框 ☑ 薄壁特征(T) 区域的下拉列表中选择 单向，在"厚度"文本框中输入 6，选中 使方向向上，在 方向1(1) 区域的下拉列表中选择 两侧对称，输入深度值 100；单击 ✓ 按钮，完成拉伸薄壁 1 的创建。

图 9.8　拉伸薄壁 1

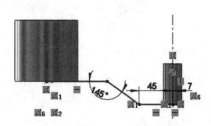

图 9.9　截面轮廓

步骤9：创建如图 9.10 所示的切除-拉伸 1。单击 特征 功能选项卡中的 按钮，在系统的提示下选取"上视基准面"作为草图平面，绘制如图 9.11 所示的截面草图；在"切除-拉伸"对话框 方向1(1) 区域的下拉列表中选择 完全贯穿-两者；单击 ✓ 按钮，完成切除-拉伸 1 的创建。

步骤10：创建如图 9.12 所示的镜像 1。选择 特征 功能选项卡中的 镜像 命令，选取"前视基准面"作为镜像中心平面，选取"切除-拉伸 1"作为要镜像的特征，单击"镜像"对话框中的 ✓ 按钮，完成镜像特征的创建。

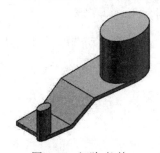

图 9.10　切除-拉伸 1

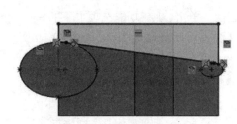

图 9.11　截面轮廓

图 9.12　镜像 1

步骤11：创建如图 9.13 所示的筋 1。选择 特征 功能选项卡中的 筋 命令，选取"前视基准面"作为草图平面，绘制如图 9.14 所示的截面轮廓（间距尺寸=D），在"筋"对话框 参数(P) 区域中选中"两侧" ，在 文本框中输入厚度值 5，在 拉伸方向: 下选中 单选项，单击"筋"对话框中的 ✓ 按钮，完成加强筋的创建。

步骤12：创建如图 9.15 所示的圆角 1。单击 特征 功能选项卡 下的 按钮，选择 圆角 命令，在"圆角"对话框中选择"固定大小圆角" 类型，在系统的提示下选取如图 9.16 所示的边线（共 8 条边线）作为圆角对象，在"圆角"对话框的 圆角参数 区域中的文本框中输入圆角半径值 10，单击 ✓ 按钮，完成圆角的定义。

 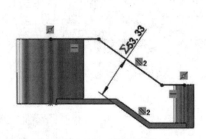 

图 9.13　加强筋 1　　　　　图 9.14　截面轮廓　　　　　图 9.15　圆角 1

步骤 13：创建如图 9.17 所示的切除-拉伸 2。单击 特征 功能选项卡中的 按钮，在系统的提示下选取"上视基准面"作为草图平面，绘制如图 9.18 所示的截面草图；在"切除-拉伸"对话框 方向1(1) 区域的下拉列表中选择 完全贯穿-两者 ；单击 ✓ 按钮，完成切除-拉伸 2 的创建。

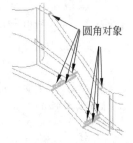  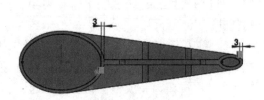

图 9.16　圆角对象　　　　图 9.17　切除-拉伸 2　　　　图 9.18　截面轮廓

步骤 14：查看质量属性。单击 评估 功能选项卡下的 命令，系统会自动选取模型实体作为测量对象，在结果区域查看质量属性即可，如图 9.19 所示，因此此题答案为 B。

```
密度 = 0.00 克 / 立方毫米
质量 = 334.72 克
体积 = 123971.32 立方毫米
表面积 = 66526.79 平方毫米
重心:（毫米）
    X = 58.58
    Y = 21.98
    Z = 0.00
```

图 9.19　测量结果

2. 使用上一道题目创建的模型，然后将全局变量中的参数进行修改，A=155，B=70，求模型最新的质量为_____克。

解题过程如下。

步骤 1：选择下拉菜单 工具(T) → ∑ 方程式(Q)... 命令，在"方程式、整体变量及尺寸"对话框中将 A、B 变量的值分别修改为 155、70，完成后如图 9.20 所示。

步骤 2：查看质量属性。单击 评估 功能选项卡下的 命令，系统会自动选取模型实体作为测量对象，在结果区域查看质量属性即可，如图 9.21 所示，因此此题答案为 278.20g。

⊟ 全局变量		
"A"	= 155	155.000000
"B"	= 70	70.000000
"C"	= "A" / 2mm	77.500000mm
"D"	= "B" * 2 / 3	46.666667

图 9.20　全局变量

密度 = 0.00 克 / 立方毫米

质量 = 278.20 克

体积 = 103037.83 立方毫米

表面积 = 55400.12 平方毫米

重心：(毫米)
X = 53.60
Y = 16.71
Z = 0.00

图 9.21　测量结果

3. 在 SOLIDWORKS 中修改上一题创建的模型，根据如图 9.22 所示的图纸修改模型，A=160，B=80，C=A/2，D=B*2/3，E=C/2+10，未标注的尺寸均按照上一题目的大小，求模型最新的质量为_____克。

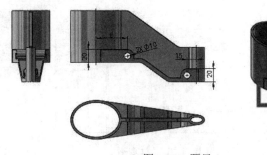

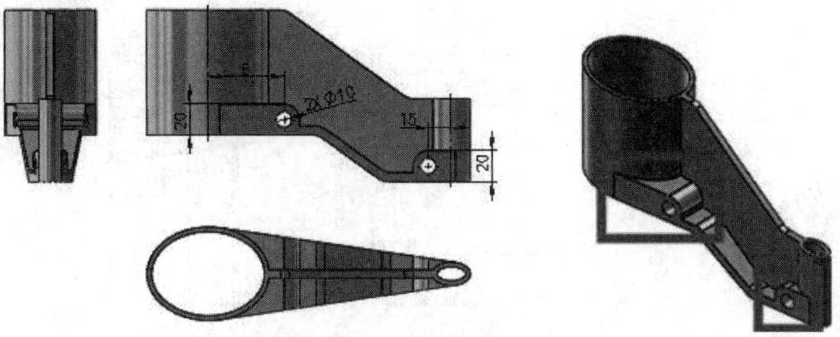

图 9.22　题目 3

解题过程如下。

步骤 1：选择下拉菜单 工具(T) → ∑ 方程式(Q)... 命令，在“方程式、整体变量及尺寸”对话框中将 A、B 变量的值分别修改为 160、80，添加全局变量 E=C/2+10，完成后如图 9.23 所示。

⊟ 全局变量		
"A"	= 160	160.000000
"B"	= 80	80.000000
"C"	= "A" / 2mm	80.000000mm
"D"	= "B" * 2 / 3	53.333333
"E"	= "C" / 2 + 10	50.000000mm

图 9.23　方程式

步骤 2：在设计树中将控制棒拖动至“拉伸薄壁 1”下，此时图形区将只显示拉伸薄壁 1 及之前的特征，如图 9.24 所示。

步骤 3：创建如图 9.25 所示的凸台-拉伸 3。单击 特征 功能选项卡中的 按钮，在系统的提示下选取“前视基准面”作为草图平面，绘制如图 9.26 所示的截面草图（左侧图形的水平尺寸=E）；在“凸台-拉伸”对话框 方向 1(1) 区域的下拉列表中选择 两侧对称，输入深度值 100；单击 ✓ 按钮，完成凸台-拉伸 3 的创建。

图 9.24 拖动控制棒位置

图 9.25 凸台-拉伸 3

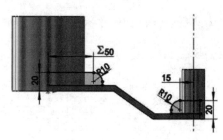
图 9.26 截面轮廓

步骤 4：在设计树中将控制棒拖动至最后，此时图形区将显示完成图形，如图 9.27 所示，在设计树中"切除-拉伸 1"特征出错，模型效果也出现问题。

步骤 5：右击"切除-拉伸 1"特征，选择 命令，修改草图如图 9.28 所示，修改完成后模型如图 9.29 所示。

图 9.27 将控制棒拖动到最后

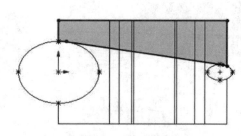
图 9.28 修改草图

图 9.29 修改后

步骤 6：创建如图 9.30 所示的切除-拉伸 3。单击 特征 功能选项卡中的 按钮，在系统的提示下选取"前视基准面"作为草图平面，绘制如图 9.31 所示的截面草图；在"切除-拉伸"对话框 方向1(1) 区域的下拉列表中选择 完全贯穿-两者 ；单击 ✓ 按钮，完成切除-拉伸 3 的创建。

步骤 7：查看质量属性。单击 评估 功能选项卡下的 命令，系统会自动选取模型实体作为测量对象，在结果区域查看质量属性即可，如图 9.32 所示，因此此题答案为 354.29g。

图 9.30 切除-拉伸 3

图 9.31 截面轮廓

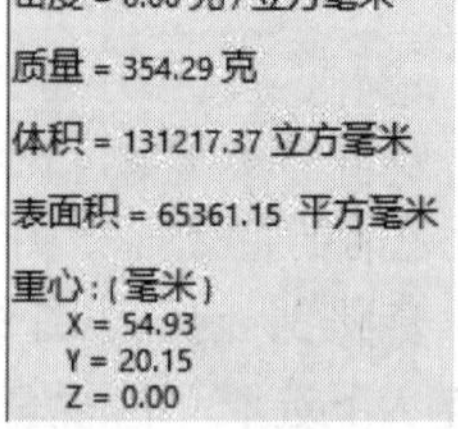

密度 = 0.00 克 / 立方毫米
质量 = 354.29 克
体积 = 131217.37 立方毫米
表面积 = 65361.15 平方毫米
重心：(毫米)
X = 54.93
Y = 20.15
Z = 0.00

图 9.32 测量结果

4. 在 SOLIDWORKS 中根据如图 9.33 所示的图纸创建零件，单位制：MMGS；小数位数：2；零件原点：任意；材料：合金钢；密度：0.0077g/mm³，所有的孔完全贯穿，除非以另外的方式显示，圆角的半径均为 10mm（共 10 条直线），除另有说明，A=210，B=200，C=170，D=130，E=40，X=A/3，Y=B/3+10，沉头孔的尺寸：沉头直径为 30mm，沉头深度为 10mm，孔的直径为 15mm，沉头孔的深度为贯穿，求模型的质量是多少克。

  A. 14298.56 B. 14116.17 C. 14139.65 D. 15118.41

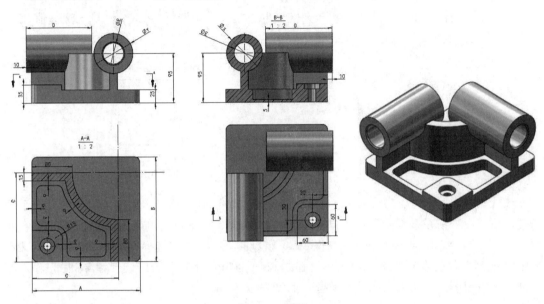

图 9.33　题目 4

解题过程如下。

  步骤 1：新建模型文件，选择"快速访问工具栏"中的 命令，在系统弹出的"新建 SOLIDWORKS 文件"对话框中选择"零件" ，单击"确定"按钮进入零件建模环境。

  步骤 2：设置单位与精度。选择下拉菜单 工具(T) → 选项(P)... 命令，在"文档属性"选项卡单击"单位"节点，选中 MMGS(毫米、克、秒)(G) 单选项，将"质量/截面属性"的精度设置为保留两位。

  步骤 3：设置材料。在设计树中右击 材质 <未指定>，在系统弹出的快捷菜单中选择 编辑材料(A) 命令，在系统弹出的"材料"对话框中选择 solidworks materials → 钢 → 合金钢 材料，单击 应用(A) 与 关闭(C) 按钮完成材料的设置。

  步骤 4：设置全局变量。选择下拉菜单 工具(T) → ∑ 方程式(Q)... 命令，在"方程式、整体变量及尺寸"对话框中添加 A、B、C、D、E、X 与 Y 变量，值分别为 210、200、170、130、40、A/3、B/3+10，完成后如图 9.34 所示。

  步骤 5：创建如图 9.35 所示的凸台-拉伸 1。单击 特征 功能选项卡中的 按钮，在系统的提示下选取"上视基准面"作为草图平面，绘制如图 9.36 所示的截面草图（长度=B，宽

全局变量		
"A"	= 210	210.000000
"B"	= 200	200.000000
"C"	= 170	170.000000
"D"	= 130	130.000000
"E"	= 40	40.000000
"X"	= "A" / 3	70.000000
"Y"	= "B" / 3 + 10	76.666667

图 9.34 全局变量

度=A）；在"凸台-拉伸"对话框 方向1(1) 区域的下拉列表中选择 给定深度，输入深度值 25；单击 ✓ 按钮，完成凸台-拉伸 1 的创建。

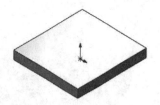

图 9.35 凸台-拉伸 1

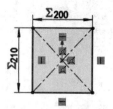

图 9.36 截面轮廓

步骤 6：创建如图 9.37 所示的拉伸薄壁 1。单击 特征 功能选项卡中的 🔲 按钮，在系统的提示下选取"前视基准面"作为草图平面，绘制如图 9.38 所示的截面草图（水平竖直间距=C）；在"凸台-拉伸"对话框 ☑薄壁特征(T) 区域的下拉列表中选择 单向，在"厚度"文本框中输入 15，厚度方向如图 9.39 所示，在 方向1(1) 区域的下拉列表中选择 给定深度，输入深度值 95；单击 ✓ 按钮，完成拉伸薄壁 1 的创建。

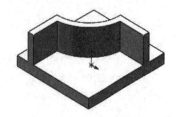

图 9.37 拉伸薄壁 1

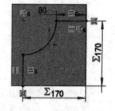

图 9.38 截面轮廓

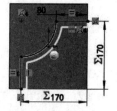

图 9.39 厚度方向

步骤 7：创建如图 9.40 所示的凸台-拉伸 2。单击 特征 功能选项卡中的 🔲 按钮，在系统的提示下选取"上视基准面"作为草图平面，绘制如图 9.41 所示的截面草图；在"凸台-拉伸"对话框 方向1(1) 区域的下拉列表中选择 给定深度，输入深度值 35；单击 ✓ 按钮，完成凸台-拉伸 2 的创建。

步骤 8：创建如图 9.42 所示的圆角 1。单击 特征 功能选项卡 🔲 下的 ▼ 按钮，选择 🔲 圆角 命令，在"圆角"对话框中选择"固定大小圆角" 🔲 类型，在系统的提示下选取如图 9.43 所示的边线作为圆角对象，在"圆角"对话框的 圆角参数 区域中的 ⬢ 文本框中输入圆角半径值 15，单击 ✓ 按钮，完成圆角的定义。

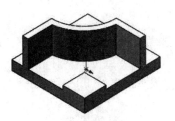
图 9.40 凸台-拉伸 2

图 9.41 截面轮廓

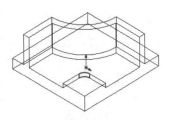
图 9.42 圆角 1

步骤 9：创建如图 9.44 所示的切除-拉伸 1。单击 特征 功能选项卡中的 按钮，在系统的提示下选取如图 9.44 所示的模型表面作为草图平面，绘制如图 9.45 所示的截面草图；在"切除-拉伸"对话框 方向1(1) 区域的下拉列表中选择 到离指定面指定的距离，选取"上视基准面"作为参考，在"等距距离"文本框中输入 5；单击 按钮，完成切除-拉伸 1 的创建。

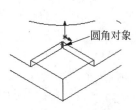
图 9.43 圆角对象

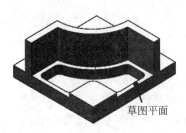
图 9.44 切除-拉伸 1

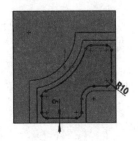
图 9.45 截面轮廓

步骤 10：创建如图 9.46 所示的基准面 1。单击 特征 功能选项卡 下的 按钮，选择 基准面 命令，选取如图 9.46 所示的模型表面作为参考平面，在"基准面"对话框 文本框中输入间距值 10，方向沿 z 轴正方向。单击 按钮，完成基准面的定义。

步骤 11：创建如图 9.47 所示的凸台-拉伸 3。单击 特征 功能选项卡中的 按钮，在系统的提示下选取步骤 10 创建的"基准面 1"作为草图平面，绘制如图 9.48 所示的截面草图（直径=X）；在"凸台-拉伸"对话框 方向1(1) 区域的下拉列表中选择 给定深度，输入深度值为 D（130）；单击 按钮，完成凸台-拉伸 3 的创建。

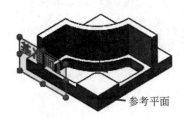
图 9.46 基准面 1

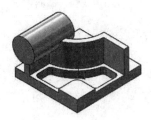
图 9.47 凸台-拉伸 3

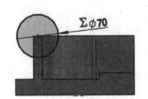
图 9.48 截面轮廓

步骤 12：创建如图 9.49 所示的切除-拉伸 2。单击 特征 功能选项卡中的 按钮，在系统的提示下选取如图 9.49 所示的模型表面作为草图平面，绘制如图 9.50 所示的截面草图（直径=E）；在"切除-拉伸"对话框 方向1(1) 区域的下拉列表中选择 完全贯穿；单击 按钮，完成切除-拉伸 2 的创建。

步骤 13：创建如图 9.51 所示的基准面 2。单击 特征 功能选项卡 下的 按钮，选择 基准面 命令，选取如图 9.51 所示的模型表面作为参考平面，在"基准面"对话框 文本框中输入间距值 10，方向沿 x 轴正方向。单击 ✓ 按钮，完成基准面的定义。

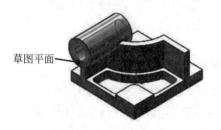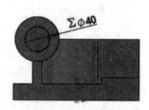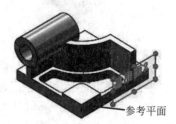

图 9.49　切除-拉伸 2　　　　图 9.50　截面轮廓　　　　图 9.51　基准面 2

步骤 14：创建如图 9.52 所示的凸台-拉伸 4。单击 特征 功能选项卡中的 按钮，在系统的提示下选取步骤 13 创建的"基准面 2"作为草图平面，绘制如图 9.53 所示的截面草图（直径=Y）；在"凸台-拉伸"对话框 方向1(1) 区域的下拉列表中选择 给定深度，输入深度值为 D（130）；单击 ✓ 按钮，完成凸台-拉伸 4 的创建。

步骤 15：创建如图 9.54 所示的切除-拉伸 3。单击 特征 功能选项卡中的 按钮，在系统的提示下选取如图 9.54 所示的模型表面作为草图平面，绘制如图 9.55 所示的截面草图（直径=E）；在"切除-拉伸"对话框 方向1(1) 区域的下拉列表中选择 完全贯穿；单击 ✓ 按钮，完成切除-拉伸 3 的创建。

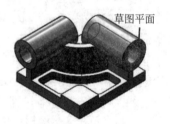

图 9.52　凸台-拉伸 4　　　　图 9.53　截面轮廓　　　　图 9.54　切除-拉伸 3

步骤 16：创建如图 9.56 所示的倒角 1。单击 特征 功能选项卡 下的 按钮，选择 倒角 命令，在"倒角"对话框中选择"角度距离" 单选项，在系统的提示下选取如图 9.57 所示的边线作为倒角对象（共 4 条边线），在"倒角"对话框的 倒角参数 区域中的 文本框中输入倒角距离值 2，在 文本框中输入倒角度值 45，在"倒角"对话框中单击 ✓ 按钮，完成倒角的定义。

步骤 17：创建如图 9.58 所示的孔。单击 特征 功能选项卡 下的 按钮，选择 异型孔向导 命令，在"孔规格"对话框中单击 位置 选项卡，选取如图 9.58 所示的模型表面作为打孔平面，在打孔平面上的任意位置单击，以确定打孔的初步位置，在"孔位置"对话框中单击 类型 选项卡，在 孔类型(T) 区域中选中"柱形沉头孔"，在 标准 下拉列

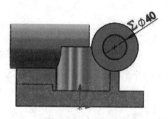

Σφ40
图 9.55　截面轮廓

图 9.56　倒角 1

倒角对象
图 9.57　倒角对象

表中选择 GB，在 类型: 下拉列表中选择 内六角花形圆柱头螺钉 类型，在“孔规格”对话框中的 孔规格 区域的 大小: 下拉列表中选择 M14，选中 ☑显示自定义大小(Z) 复选框，在 (通孔直径) 文本框中输入 15，在 (柱形沉头孔直径) 文本框中输入 30，在 (柱形沉头孔深度) 文本框中输入 10，在 终止条件(C) 区域的下拉列表中选择“完全贯穿”，单击 ✓ 按钮完成孔的初步创建，在设计树中右击 M14 内六角花型圆柱头螺钉 下的定位草图，选择 命令，系统进入草图环境，将约束添加至如图 9.59 所示的效果，单击 按钮完成定位。

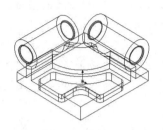

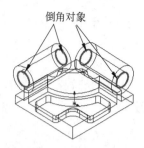

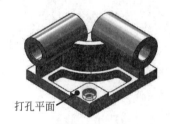

打孔平面
图 9.58　孔

30
30
图 9.59　精确定位

步骤 18：创建如图 9.60 所示的圆角 2。单击 特征 功能选项卡 下的 按钮，选择 圆角 命令，在“圆角”对话框中选择“固定大小圆角” 类型，在系统的提示下选取如图 9.61 所示的边线作为圆角对象（共 4 条边线），在“圆角”对话框的 圆角参数 区域中的 文本框中输入圆角半径值 10，单击 ✓ 按钮，完成圆角的定义。

步骤 19：查看质量属性。单击 评估 功能选项卡下的 (质量属性) 命令，系统会自动选取模型实体作为测量对象，在结果区域查看质量属性即可，如图 9.62 所示，因此此题答案为 B。

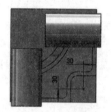

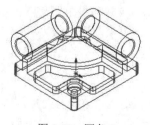

图 9.60　圆角 2

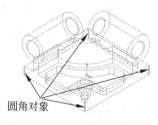

圆角对象
图 9.61　圆角对象

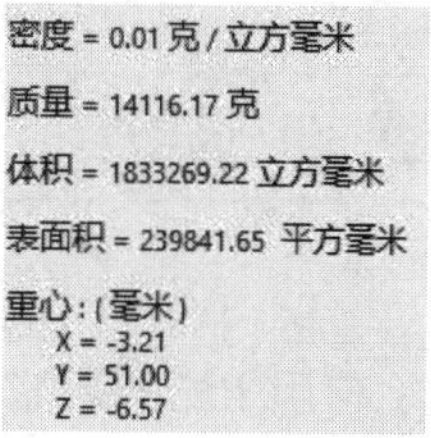

密度 = 0.01 克 / 立方毫米
质量 = 14116.17 克
体积 = 1833269.22 立方毫米
表面积 = 239841.65 平方毫米
重心：(毫米)
X = -3.21
Y = 51.00
Z = -6.57
图 9.62　测量结果

5. 使用上一道题目创建的模型，对全局变量中的参数进行修改，A=225，B=210，C=175，D=135，E=40，求模型最新的质量为_____克。

解题过程如下。

步骤1：选择下拉菜单 工具(T) → ∑ 方程式(Q)... 命令，在"方程式、整体变量及尺寸"对话框中将 A、B、C、D、E 变量的值分别修改为 225、210、175、135、40，完成后如图 9.63 所示。

步骤2：查看质量属性。单击 评估 功能选项卡下的 ⚖ （质量属性）命令，系统会自动选取模型实体作为测量对象，在结果区域查看质量属性即可，如图 9.64 所示，因此此题答案为 16262.16g。

图 9.63　全局变量

图 9.64　测量结果

6. 使用上一道题目创建的模型，对全局变量中的参数进行修改，A=210，B=220，C=170，D=125，E=40，求模型最新的质量为_____克。

解题过程如下。

步骤1：选择下拉菜单 工具(T) → ∑ 方程式(Q)... 命令，在"方程式、整体变量及尺寸"对话框中将 A、B、C、D、E 变量的值分别修改为 210、220、170、125、40，完成后如图 9.65 所示。

步骤2：查看质量属性。单击 评估 功能选项卡下的 ⚖ （质量属性）命令，系统会自动选取模型实体作为测量对象，在结果区域查看质量属性即可，如图 9.66 所示，因此此题答案为 15447.62g。

图 9.65　全局变量

图 9.66　测量结果

7. 使用上一道题目创建的模型，对全局变量中的参数进行修改，A=220，B=210，C=165，D=120，E=37，Y=B/3+15，根据如图 9.67 所示的图纸修改模型，求模型最新的质量为_____克。

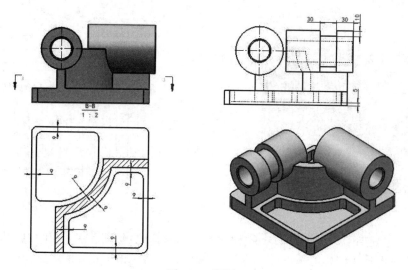

图 9.67 题目 7

解题过程如下。

步骤 1：选择下拉菜单 工具(T) → ∑ 方程式(Q)... 命令，在"方程式、整体变量及尺寸"对话框中将 A、B、C、D、E、Y 变量的值分别修改为 220、210、165、120、37、A/3、B/3+15，完成后如图 9.68 所示。

步骤 2：删除特征。在设计树中选中"凸台-拉伸 2""圆角 1"与"切除-拉伸 1"并右击，在弹出的快捷菜单中选择 ✗ 删除... (D) 命令，在系统弹出的"确认删除"对话框中选中 ☑ 删除内含特征(F)，单击 全部是(A) 按钮完成删除操作，如图 9.69 所示。

全局变量		
"A"	= 220	220.000000
"B"	= 210	210.000000
"C"	= 165	165.000000
"D"	= 120	120.000000
"E"	= 37	37.000000
"X"	= "A" / 3	73.333333
"Y"	= "B" / 3 + 15	85.000000

图 9.68 全局变量

图 9.69 删除特征

步骤 3：创建如图 9.70 所示的切除-拉伸 4。单击 特征 功能选项卡中的 按钮，在系统的提示下选取如图 9.70 所示的模型表面作为草图平面，绘制如图 9.71 所示的截面草图；在"切除-拉伸"对话框 方向 1(1) 区域的下拉列表中选择 到离指定面指定的距离，选取模型底面作为参考，在"等距距离"文本框中输入 5；单击 ✓ 按钮，完成切除-拉伸 4 的创建。

步骤 4：创建如图 9.72 所示的基准面 3。单击 特征 功能选项卡 下的 按钮，选择 基准面 命令，选取如图 9.72 所示的模型表面作为参考平面，在"基准面"对话框 文本框中输入间距值 30，方向沿 Z 轴负方向。单击 ✓ 按钮，完成基准面的定义。

图 9.70 切除-拉伸 4

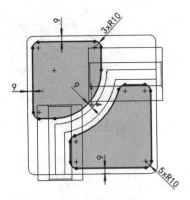

图 9.71 截面轮廓

步骤 5：创建如图 9.73 所示的切除-拉伸 5。单击 特征 功能选项卡中的 按钮，在系统的提示下选取步骤 4 创建的基准面 3 作为草图平面，绘制如图 9.74 所示的截面草图；在"切除-拉伸"对话框 方向 1(1) 区域的下拉列表中选择 给定深度，输入深度值 30；单击 按钮，完成切除-拉伸 5 的创建。

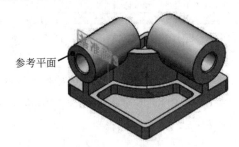

图 9.72 基准面 3

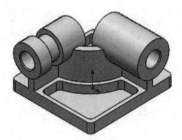

图 9.73 切除-拉伸 5

步骤 6：查看质量属性。单击 评估 功能选项卡下的 命令，系统会自动选取模型实体作为测量对象，在结果区域查看质量属性即可，如图 9.75 所示，因此此题答案为 12992.24g。

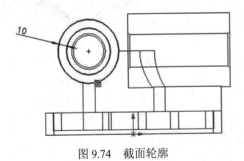

图 9.74 截面轮廓

密度 = 0.01 克 / 立方毫米
质量 = 12992.24 克
体积 = 1687303.75 立方毫米
表面积 = 252083.37 平方毫米
重心:(毫米)
X = 8.25
Y = 57.70
Z = -4.14

图 9.75 测量结果

8. 模型修改题 1：更改角度参数，单位系统：MMGS；小数位：2；通过添加、移除、修改尺寸或者特征参数值来修改原始零件，修改后 X=25°，Y=4mm，如图 9.76 所示，求测量 Z 的值为_____毫米。

A. 38.74　　　　B. 44.74　　　　C. 40.60　　　　D. 41.74

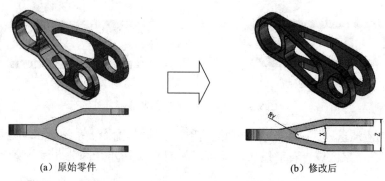

(a) 原始零件　　　　　　　　　　(b) 修改后

图 9.76　题目 8（模型修改题 1）

解题过程如下。

步骤 1：打开文件 D:\SOLIDWORKS 认证考试\work\ch09.01\模型修改-ex01。

步骤 2：调整拉伸 2 的草图。在设计树中右击 拉伸2 选择 命令，将草图修改至如图 9.77 所示。

步骤 3：查询距离信息量属性。单击 评估 功能选项卡下的 （测量）命令，选取如图 9.78 所示的面 1 与面 2 作为参考，在结果区域即可查看距离信息，如图 9.79 所示，因此此题答案 40.60 毫米，选 C。

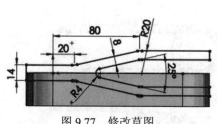

图 9.77　修改草图　　　　图 9.78　参考面　　　　图 9.79　测量结果

9. 模型修改题 2：更改切口形状，单位系统：MMGS；小数位数：2；通过添加、移除、修改尺寸或者特征参数值来修改原始零件，修改后的模型如图 9.80 所示，求修改后模型的质量是_____克。

解题过程如下。

步骤 1：调整拉伸 1 的草图。在设计树中右击 拉伸01，选择 命令，将草图修改至如图 9.81 所示。

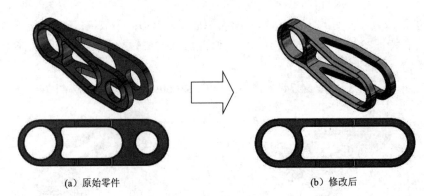

(a) 原始零件　　　　　　　　　　　(b) 修改后

图 9.80　题目 9（模型修改题 2）

步骤 2：查看质量属性。单击 评估 功能选项卡下的 命令，系统会自动选取模型实体作为测量对象，在结果区域查看质量属性即可，如图 9.82 所示，因此此题答案为 192.08g。

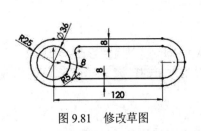

图 9.81　修改草图　　　　　　　　图 9.82　测量结果

10. 模型修改题 3：修改凹槽，单位系统：MMGS；小数位数：2；通过添加、移除、修改尺寸或者特征参数值来修改原始零件，从而使模型一侧有凹槽而另一侧没有凹槽，如图 9.83 所示，求修改后模型的质量是_____克。

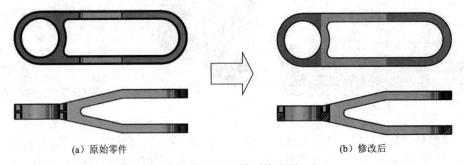

(a) 原始零件　　　　　　　　　　　(b) 修改后

图 9.83　题目 10（模型修改题 3）

解题过程如下。

步骤 1：删除特征。在设计树中右击"抽壳"与"镜像"特征，选择 删除...(D) 命令，完成后如图 9.84 所示。

步骤 2：镜像实体。选择 特征 功能选项卡中的 镜像 命令，选取 Front Plane 作为镜像中心平面，激活 要镜像的实体(B) 区域，选取整个实体作为要镜像的对象，取消选中 □合并实体(R) 复选框，单击"镜像"对话框中的 ✓ 按钮，完成镜像实体的创建，如图 9.85 所示。

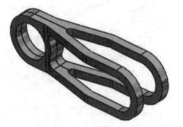

图 9.84　删除特征　　　　　　　　　图 9.85　镜像实体

步骤 3：创建如图 9.86 所示的抽壳特征。单击 特征 功能选项卡中的 抽壳 按钮，系统会弹出"抽壳"对话框，选取如图 9.87 所示的移除面（共 6 个移除面），在"抽壳"对话框的 参数(P) 区域的"厚度" 文本框中输入 1，在"抽壳"对话框中单击 ✓ 按钮，完成抽壳的创建。

（a）视图 A　　　　　　　（b）视图 B　　　　　　　　　　　　　移除面

图 9.86　抽壳特征　　　　　　　　　　　图 9.87　移除面

步骤 4：创建组合特征。选择 直接编辑 功能选项卡中的 （组合）命令，系统会弹出"组合"对话框，在 操作类型(O) 区域选中 ⦿添加(A) 单选项，选取图形区的两个实体作为组合对象，单击 ✓ 按钮，完成组合的创建，如图 9.88 所示。

步骤 5：查看质量属性。单击 评估 功能选项卡下的 命令，系统会自动选取模型实体作为测量对象，在结果区域查看质量属性即可，如图 9.89 所示，因此此题答案为 377.54g。

密度 = 0.01 克 / 立方毫米
质量 = 377.54 克
体积 = 34321.78 立方毫米
表面积 = 28156.67 平方毫米
重心:（毫米）
　X = 58.88
　Y = 0.00
　Z = 5.16

图 9.88　组合特征　　　　　　　　　图 9.89　组合特征

11. 模型修改题 4：修改壁厚，单位系统：MMGS；小数位：2；不规则除料部分的壁厚为 2，圆孔与外侧部分的壁厚为 1，如图 9.90 所示，求修改后模型的质量是_____克。

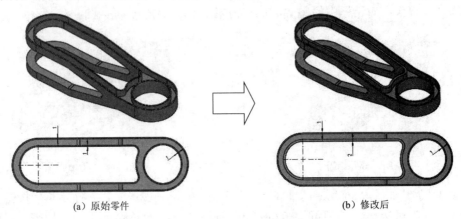

(a) 原始零件　　　　　　　　　　　　　(b) 修改后

图 9.90　题目 11（模型修改题 4）

解题过程如下。

步骤 1：编辑抽壳特征。在设计树中右击"抽壳"，选择 命令，在"抽壳"对话框中激活 **多厚度设定(M)** 区域，在"多厚度"文本框中输入 2，选取如图 9.91 所示的面作为参考（共计 6 个面），单击 ✓ 按钮，完成抽壳厚度的调整。

步骤 2：查看质量属性。单击 评估 功能选项卡下的 命令，系统会自动选取模型实体作为测量对象，在结果区域查看质量属性即可，如图 9.92 所示，因此此题答案为 400.18g。

12. 模型配置题 1，单位系统：MMGS；小数位数：2；查看模型中现在有多少种配置。

A. 3　　　　　　　B. 4　　　　　　　C. 5　　　　　　　D. 6

解题过程如下。

步骤 1：打开文件 D:\SOLIDWORKS 认证考试\work\ch09.01\配置 -ex。

步骤 2：单击"配置"节点即可查看模型现有的配置，如图 9.93 所示，所以配置数为 5，答案选 C。

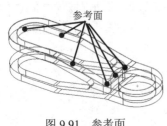

图 9.91　参考面　　　　　　图 9.92　测量结果　　　　　　图 9.93　配置节点

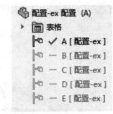

13. 模型配置题 2，单位系统：MMGS；小数位数：2；使用上一个问题中的零件，将配置切换到 C，求零件的质量是_____克。

解题过程如下。

步骤 1：在"配置"节点双击配置 C 即可将其设置为当前配置。

步骤 2：查看质量属性。单击 评估 功能选项卡下的 命令，系统会自动选取模型实体作为测量对象，在结果区域查看质量属性即可，如图 9.94 所示，因此此题答案为 2379.66g。

图 9.94 测量结果

14. 模型配置题 3，单位系统：MMGS；小数位数：2；根据配置 A 创建新的配置 F，创建如图 9.95 所示的孔，孔的深度为贯通，该孔与凸台同心，并且该孔在配置 B 与配置 F 中显示，在其他配置中隐藏，求在配置 F 中零件的质量是_____克。

解题过程如下。

步骤 1：在"配置"节点双击配置 A 即可将其设置为当前配置。

步骤 2：添加配置 F，在"配置"节点右击 配置-ex 配置 (A)，在系统弹出的快捷菜单中选择 添加配置... (A) 命令，系统会弹出如图 9.96 所示的"添加配置"对话框，在 配置名称 (N)：文本框中输入 F，其他均采用默认，单击 ✓ 完成配置的添加。

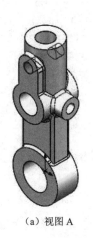

(a) 视图 A

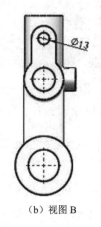

(b) 视图 B

图 9.95 添加孔特征

图 9.96 "添加配置"对话框

步骤 3：创建如图 9.97 所示的切除-拉伸 1。单击 特征 功能选项卡中的 按钮，在系统的提示下选取如图 9.97 所示的模型表面作为草图平面，绘制如图 9.98 所示的截面草图；在"切除-拉伸"对话框 方向1(1) 区域的下拉列表中选择 完全贯穿；单击 ✓ 按钮，完成切除-拉伸 1 的创建。

图 9.97　切除-拉伸 1

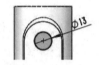

图 9.98　截面轮廓

步骤 4：设置特征的显示隐藏。在设计树中右击上一步创建的切除-拉伸特征，在弹出的快捷菜单中选择 配置特征(G) 命令，在系统弹出的"修改配置"对话框中将配置 B 与配置 F 取消选中，其他均选中，如图 9.99 所示，单击 确定(O) 按钮完成设置。

步骤 5：查看质量属性。单击 评估 功能选项卡下的 命令，系统会自动选取模型实体作为测量对象，在结果区域查看质量属性即可，如图 9.100 所示，因此此题答案为 634.93g。

图 9.99　"修改配置"对话框　　　　　　　　图 9.100　测量结果

15. 模型配置题 4，单位系统：MMGS；小数位：2；求在配置 B 中零件的质量是_____克。解题过程如下。

步骤 1：在"配置"节点双击配置 B 即可将其设置为当前配置。

步骤 2：查看质量属性。单击 评估 功能选项卡下的 （质量属性）命令，系统会自动选取模型实体作为测量对象，在结果区域查看质量属性即可，如图 9.101 所示，因此此题答案为 2650.08g。

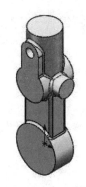

图 9.101 测量结果

16. 模型配置题 5，单位系统：MMGS；小数位数：2；在设计树中查看切除-拉伸 2 特征在哪些配置中是显示的。

解题过程如下。

在设计树中右击"切除-拉伸 2"，在弹出的快捷菜单中选择在 配置特征(G) 命令，系统会弹出如图 9.102 所示的"修改配置"对话框， ☑代表特征被压缩隐藏， ☐代表特征没有被压缩显示，所以此题的答案为 A、F。

图 9.102 "修改配置"对话框

17. 装配题 1，创建 cswp 装配体，单位系统：MMGS；小数位数：2；装配体原点：任意，将名称为底座的零件插入新装配体中，并接受默认的位置固定底座零件，创建如图 9.103 所示的坐标系，并将坐标系的名称修改为 CS01，使用名称 CSWP 保存装配体，求装配体相对于 CS01 坐标系的重心是多少毫米。

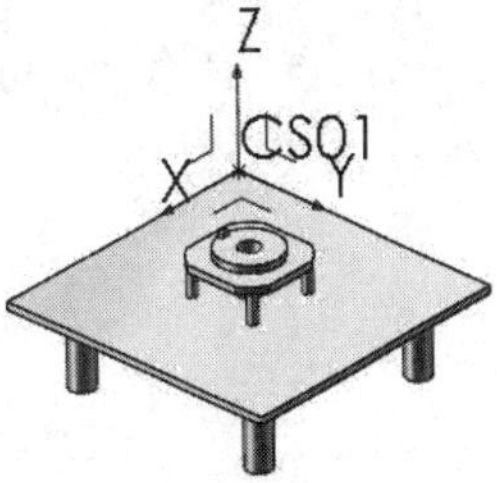

A. X=0　　Y=0　　Z=0
B. X=249.86　　Y=9.10　　Z=-200.00
C. X=200.00　　Y=199.99　　Z=-9.47
D. X=349.86　　Y=19.10　　Z=199.91

图 9.103 装配体坐标系

解题过程如下。

步骤 1：新建装配文件。选择"快速访问工具栏"中的 命令，在"新建 SOLIDWORKS

文件"对话框中选择"装配体"模板,单击"确定"按钮进入装配环境。

步骤2:装配底座零部件。

(1)选择要添加的零部件。在打开的对话框中先选择 D:\SOLIDWORKS 认证考试\ch09.01\装配中的底座,然后单击"打开"按钮。

(2)定位零部件。直接单击"开始装配体"对话框中的 ✔ 按钮,即可把零部件固定到装配原点处(零件的 3 个默认基准面与装配体的 3 个默认基准面分别重合),如图 9.104 所示。

步骤3:创建坐标系。单击 装配体 功能选项卡 参考几何体 下的 ▼ 按钮,在系统弹出的快捷菜单中选择 ↳ 坐标系 命令,选取如图 9.104 所示的原点参考,选取如图 9.103 所示的 x 轴方向参考,方向如图 9.103 所示,选取如图 9.104 所示的 y 轴方向参考,单击 ↗ 按钮使方向如图 9.103 所示,单击 ✔ 按钮完成坐标系的创建,在设计树中右击创建的坐标系,选择"特征属性"命令,在"名称"文本框中输入 CS01,单击 确定 按钮完成名称的设置。

步骤4:保存装配文件。选择"快速访问工具栏"中的"保存" 🖫 保存(S) 命令,系统会弹出"另存为"对话框,在 文件名(N): 文本框中输入 CSWP,单击"保存"按钮,完成保存操作。

步骤5:查看质量属性。单击 评估 功能选项卡下的 ⚖ (质量属性)命令,系统会自动选取装配体作为测量对象,在 报告与以下项相对的坐标值: 下拉列表中选择 CS01,在结果区域查看质量属性即可,如图 9.105 所示,因此此题答案为 C。

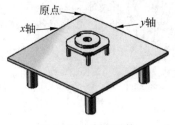

图 9.104 底座零件   图 9.105 测量结果

18. 装配题 2,将驱动器零件插入 CSWP 装配体,单位系统:MMGS;小数位数:2;装配体原点:任意,驱动器的位置完全约束,位置参考如图 9.106 所示,求装配体相对于 CS01 坐标系的重心是 X____, Y____, Z____。

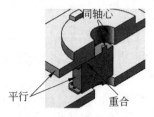

图 9.106 驱动器零件

解题过程如下。

步骤1：装配驱动器零部件。

（1）引入第2个零部件。单击 装配体 功能选项卡 插入零部件 下的 ▼ 按钮，选择 插入零部件 命令，在打开的对话框中先选择 D:\SOLIDWORKS 认证考试\ch09.01\装配中的驱动器，然后单击"打开"按钮，在图形区的合适位置单击，便可放置第2个零件，如图9.107所示。

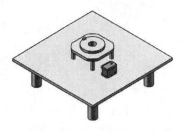

图9.107 引入驱动器零件

（2）定义同轴心配合。单击 装配体 功能选项卡中的 配合 命令，系统会弹出"配合"对话框；在绘图区域中分别选取如图9.108所示的面1与面2作为配合面，系统会自动在"配合"对话框的标准选项卡中选中 ◎ 同轴心(N) ，单击"配合"对话框中的 ✓ 按钮，完成同轴心配合的添加，效果如图9.109所示。

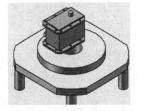

图9.108 配合面　　　　　　　　　　图9.109 同轴心配合

（3）定义平行配合。在绘图区域中分别选取如图9.110所示的面1与面2作为配合面，系统会自动在"配合"对话框的标准选项卡中选中 ∖ 平行(R) ，单击"配合"对话框中的 ✓ 按钮，完成平行配合的添加，效果如图9.111所示。

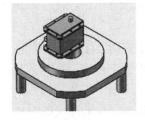

图9.110 配合面　　　　　　　　　　图9.111 平行配合

（4）定义重合配合。在绘图区域中分别选取如图9.112所示的面1与面2作为配合面，系统会自动在"配合"对话框的标准选项卡中选中 人 重合(C) ，单击"配合"对话框中的 ✓ 按钮，完成重合配合的添加，效果如图 9.113 所示。

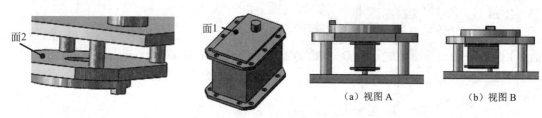

图 9.112 配合面　　　　　图 9.113 重合配合

步骤 2：查看重心属性。单击 **评估** 功能选项卡下的 ⚖（质量属性）命令，系统会自动选取装配体作为测量对象，在 **报告与以下项相对的坐标值：** 下拉列表中选择 CS01，在结果区域查看质量属性即可，如图 9.114 所示，因此此题答案为 X=200.20，Y=199.99，Z=−8.88。

19. 装配题 3，将子装配 1 插入 CSWP 装配体，单位系统：MMGS；小数位数：2；装配体原点：任意；子装配的位置完全约束，位置参考如图 9.115 所示，求装配体相对于 CS01 坐标系的重心是 X____，Y____，Z____。

图 9.114 测量结果

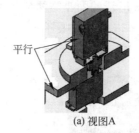

图 9.115 子装配 1

解题过程如下。

步骤 1：装配子装配 1 零部件。

（1）引入第 3 个零部件。单击 **装配体** 功能选项卡下的 ▼ 按钮，选择 **插入零部件** 命令，在打开的对话框中先选择 D:\SOLIDWORKS 认证考试\ch09.01\装配中的子装配 1，然后单击"打开"按钮，在图形区的合适位置单击，便可放置第 3 个零部件，如图 9.116 所示。

（2）定义同轴心配合。单击 **装配体** 功能选项卡中的 🔗 命令，系统会弹出"配合"对话框；在绘图区域中分别选取如图 9.117 所示的面 1 与面 2 作为配合面，系统会自动在"配合"对话框的标准选项卡中选中 ◎ 同轴心(N)，单击"配合"对话框中的 ✓ 按钮，完成同轴心配合的添加，效果如图 9.118 所示。

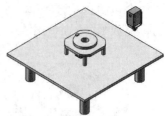

图 9.116 子装配 1

（3）定义平行配合。在绘图区域中分别选取如图 9.119 所示的面 1 与面 2 作为配合面，系统会自动在"配合"对话框的标准选项卡中选中 ＼平行(R)，单击"配合"对话框中的 ✓ 按钮，完成平行配合的添加，效果如图 9.120 所示。

  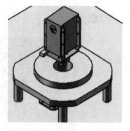

图 9.117　配合面　　　　　图 9.118　同轴心配合

  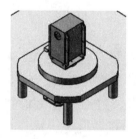

图 9.119　配合面　　　　　图 9.120　平行配合

（4）定义重合配合。在绘图区域中分别选取如图 9.121 所示的面 1 与面 2 作为配合面，系统会自动在"配合"对话框的标准选项卡中选中 ![重合] ，单击"配合"对话框中的 ✓ 按钮，完成重合配合的添加，效果如图 9.122 所示。

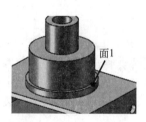 

图 9.121　配合面　　　　　图 9.122　重合配合

步骤2：查看重心属性。单击 评估 功能选项卡下的 ![质量属性]（质量属性）命令，系统会自动选取装配体作为测量对象，在 报告与以下项相对的坐标值: 下拉列表中选择 CS01，在结果区域查看质量属性即可，如图 9.123 所示，因此此题答案为 X=200.19，Y=199.94，Z=−5.53。

质量 = 2.32 千克
体积 = 2320967.18 立方毫米
表面积 = 454263.98 平方毫米
重心：(毫米)
　X = 200.19
　Y = 199.94
　Z = -5.53

图 9.123　测量结果

20．装配题 4，将子装配 2 插入 CSWP 装配体，单位系统：MMGS；小数位数：2；装配体原点：任意，子装配的位置完全约束，位置参考如图 9.124 所示，求装配体相对于 CS01

坐标系的重心是X____,Y____,Z____。

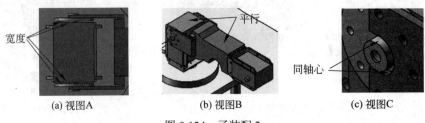

图9.124 子装配2

解题过程如下。

步骤1:装配子装配2零部件。

(1)引入第4个零部件。单击 装配体 功能选项卡 插入零部件 下的 ▼ 按钮,选择 插入零部件 命令,在打开的对话框中先选择 D:\SOLIDWORKS 认证考试\ch09.01\装配中的子装配2,然后单击"打开"按钮,在图形区的合适位置单击,便可放置第4个零件,如图9.125所示。

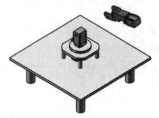

图9.125 子装配2

(2)定义同轴心配合。单击 装配体 功能选项卡中的 配合 命令,系统会弹出"配合"对话框;在绘图区域中分别选取如图9.126所示的面1与面2作为配合面,系统会自动在"配合"对话框的标准选项卡中选中 同轴心(N) ,单击"配合"对话框中的 ✓ 按钮,完成同轴心配合的添加,效果如图9.127所示。

  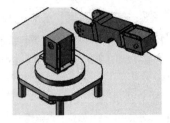

图9.126 配合面   图9.127 同轴心配合

(3)定义平行配合。在绘图区域中分别选取如图9.128所示的面1与面2作为配合面,系统会自动在"配合"对话框的标准选项卡中选中 平行(R) ,单击"配合"对话框中的 ✓ 按钮,完成平行配合的添加,效果如图9.129所示。

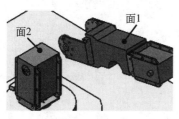
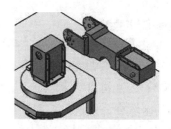

图 9.128　配合面　　　　　　　图 9.129　平行配合

（4）定义宽度配合。在"配合"对话框单击 [高级] 节点，选择 [宽度(I)] 类型，选取如图 9.130 所示的面 1、面 2、面 3 与面 4 作为配合面，单击"配合"对话框中的 ✔ 按钮，完成宽度配合的添加，效果如图 9.131 所示。

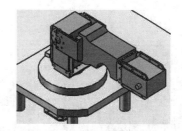

图 9.130　配合面　　　　　　　图 9.131　宽度配合

步骤 2：查看重心属性。单击 [评估] 功能选项卡下的 [质量属性] 命令，系统会自动选取装配体作为测量对象，在 [报告与以下项相对的坐标值] 下拉列表中选择 CS01，在结果区域查看质量属性即可，如图 9.132 所示，因此此题答案为 X=200.18，Y=203.97，Z=0.3。

21．装配题 5，旋转子装配 2 并进行碰撞检测，单位系统：MMGS；小数位数：2；装配体原点：任意，压缩控制子装配 2 旋转的平行约束，仅检测子装配 2 与底座之间的碰撞，测量如图 9.133 所示的角度是_____度，注意：角度值为 0～90°。

质量 = 2.44 千克
体积 = 2439916.66 立方毫米
表面积 = 491054.47 平方毫米
重心:(毫米)
　X = 200.18
　Y = 203.97
　Z = 0.30

图 9.132　测量结果

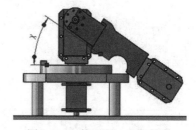

图 9.133　装配题 5 求解角度

解题过程如下。
步骤 1：压缩平行约束，在设计树中右击上一题创建的平行约束并选择 ↓ 命令。
步骤 2：旋转子装配 2 并进行碰撞检测。
（1）选择命令。单击 [装配体] 功能选项卡中的 [移动零部件] 按钮，系统会弹出"移动零部件"对话框。
（2）在 [选项(P)] 区域选中 ◉碰撞检查 、◉这些零部件之间(H) 与 ☑碰撞时停止(T) 单选项，选取子装配

2 与底座零件作为参考。

（3）单击 恢复拖动(U) 按钮，将子装配 2 拖动至与底座碰撞。

（4）单击 ✓ 按钮完成移动操作。

步骤 3：添加重合约束。单击 装配体 功能选项卡中的 命令，系统会弹出"配合"对话框；在绘图区域中分别选取如图 9.134 所示的边线 1 与面 1 作为配合参考，系统会自动在"配合"对话框的标准选项卡中选取 重合(I)，单击"配合"对话框中的 ✓ 按钮，完成重合配合的添加。

步骤 4：测量角度数据。单击 评估 功能选项卡下的 命令，选取如图 9.135 所示的面 1 与面 2 作为参考，在结果区域查看质量属性即可，如图 9.136 所示，因此此题答案为 33.52°。

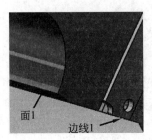

图 9.134　配合参考

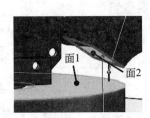

图 9.135　测量角度

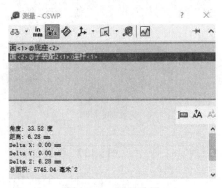

图 9.136　测量结果

图 书 推 荐

书 名	作 者
数字 IC 设计入门（微课视频版）	白栎旸
ARM MCU 嵌入式开发——基于国产 GD32F10x 芯片（微课视频版）	高延增、魏辉、侯跃恩
华为 HCIA 路由与交换技术实战（第 2 版·微课视频版）	江礼教
华为 HCIP 路由与交换技术实战	江礼教
AI 芯片开发核心技术详解	吴建明、吴一昊
鲲鹏架构入门与实战	张磊
5G 网络规划与工程实践（微课视频版）	许景渊
5G 核心网原理与实践	易飞、何宇、刘子琦
移动 GIS 开发与应用——基于 ArcGIS Maps SDK for Kotlin	董昱
数字电路设计与验证快速入门——Verilog+SystemVerilog	马骁
UVM 芯片验证技术案例集	马骁
LiteOS 轻量级物联网操作系统实战（微课视频版）	魏杰
openEuler 操作系统管理入门	陈争艳、刘安战、贾玉祥 等
OpenHarmony 开发与实践——基于瑞芯微 RK2206 开发板	陈鲤文、陈婧、叶伟华
OpenHarmony 轻量系统从入门到精通 50 例	戈帅
自动驾驶规划理论与实践——Lattice 算法详解（微课视频版）	樊胜利、卢盛荣
物联网——嵌入式开发实战	连志安
边缘计算	方娟、陆帅冰
巧学易用单片机——从零基础入门到项目实战	王良升
Altium Designer 20 PCB 设计实战（视频微课版）	白军杰
ANSYS Workbench 结构有限元分析详解	汤晖
Octave GUI 开发实战	于红博
Octave AR 应用实战	于红博
AR Foundation 增强现实开发实战（ARKit 版）	汪祥春
AR Foundation 增强现实开发实战（ARCore 版）	汪祥春
SOLIDWORKS 高级曲面设计方法与案例解析（微课视频版）	赵勇成、毕晓东、邵为龙
CATIA V5-6 R2019 快速入门与深入实战（微课视频版）	邵为龙
SOLIDWORKS 2023 快速入门与深入实战（微课视频版）	赵勇成、邵为龙
Creo 8.0 快速入门教程（微课视频版）	邵为龙
UG NX 2206 快速入门与深入实战（微课视频版）	毕晓东、邵为龙
UG NX 快速入门教程（微课视频版）	邵为龙
HoloLens 2 开发入门精要——基于 Unity 和 MRTK	汪祥春
数据分析实战——90 个精彩案例带你快速入门	汝思恒
从数据科学看懂数字化转型——数据如何改变世界	刘通
Java+OpenCV 高效入门	姚利民
Java+OpenCV 案例佳作选	姚利民
R 语言数据处理及可视化分析	杨德春
Python 应用轻松入门	赵会军
Python 概率统计	李爽
前端工程化——体系架构与基础建设（微课视频版）	李恒谦
LangChain 与新时代生产力——AI 应用开发之路	陆梦阳、朱剑、孙罗庚、韩中俊

续表

书 名	作 者
仓颉语言实战（微课视频版）	张磊
仓颉语言核心编程——入门、进阶与实战	徐礼文
仓颉语言程序设计	董昱
仓颉程序设计语言	刘安战
仓颉语言元编程	张磊
仓颉语言极速入门——UI 全场景实战	张云波
HarmonyOS 移动应用开发（ArkTS 版）	刘安战、余雨萍、陈争艳 等
公有云安全实践（AWS 版·微课视频版）	陈涛、陈庭暄
Vue+Spring Boot 前后端分离开发实战（第 2 版·微课视频版）	贾志杰
TypeScript 框架开发实践（微课视频版）	曾振中
精讲 MySQL 复杂查询	张方兴
Kubernetes API Server 源码分析与扩展开发（微课视频版）	张海龙
编译器之旅——打造自己的编程语言（微课视频版）	于东亮
Spring Boot+Vue.js+uni-app 全栈开发	夏运虎、姚晓峰
Selenium 3 自动化测试——从 Python 基础到框架封装实战（微课视频版）	栗任龙
Unity 编辑器开发与拓展	张寿昆
跟我一起学 uni-app——从零基础到项目上线（微课视频版）	陈斯佳
Python Streamlit 从入门到实战——快速构建机器学习和数据科学 Web 应用（微课视频版）	王鑫
Java 项目实战——深入理解大型互联网企业通用技术（基础篇）	廖志伟
Java 项目实战——深入理解大型互联网企业通用技术（进阶篇）	廖志伟
HuggingFace 自然语言处理详解——基于 BERT 中文模型的任务实战	李福林
动手学推荐系统——基于 PyTorch 的算法实现（微课视频版）	於方仁
轻松学数字图像处理——基于 Python 语言和 NumPy 库（微课视频版）	侯伟、马燕芹
自然语言处理——基于深度学习的理论和实践（微课视频版）	杨华 等
Diffusion AI 绘图模型构造与训练实战	李福林
图像识别——深度学习模型理论与实战	于浩文
深度学习——从零基础快速入门到项目实践	文青山
AI 驱动下的量化策略构建（微课视频版）	江建武、季枫、梁举
Python Streamlit 从入门到实战——快速构建机器学习和数据科学 Web 应用（微课视频版）	王鑫
编程改变生活——用 Python 提升你的能力（基础篇·微课视频版）	邢世通
编程改变生活——用 Python 提升你的能力（进阶篇·微课视频版）	邢世通
编程改变生活——用 PySide6/PyQt6 创建 GUI 程序（基础篇·微课视频版）	邢世通
编程改变生活——用 PySide6/PyQt6 创建 GUI 程序（进阶篇·微课视频版）	邢世通
Python 语言实训教程（微课视频版）	董运成 等
Python 量化交易实战——使用 vn.py 构建交易系统	欧阳鹏程
Android Runtime 源码解析	史宁宁
恶意代码逆向分析基础详解	刘晓阳
网络攻防中的匿名链路设计与实现	杨昌家
深度探索 Go 语言——对象模型与 runtime 的原理、特性及应用	封幼林
深入理解 Go 语言	刘丹冰
Spring Boot 3.0 开发实战	李西明、陈立为